中国藏茶文化口述史

陈书谦　窦存芳　郭磊◇编著

首批全国优秀出版社　中国农业出版社
农村读物出版社

图书在版编目（CIP）数据

中国藏茶文化口述史/陈书谦, 窦存芳, 郭磊著. ——
北京：中国农业出版社, 2023.3
ISBN 978-7-109-30341-6

Ⅰ.①中… Ⅱ.①陈… ②窦… ③郭… Ⅲ.①藏族－
茶文化－中国 Ⅳ.①TS971.21

中国国家版本馆CIP数据核字（2023）第006648号

中国藏茶文化口述史

ZHONGGUO ZANGCHA WENHUA KOUSHUSHI

中国农业出版社出版
地址：北京市朝阳区麦子店街18号楼
邮编：100125
策划编辑：李 梅 责任编辑：李 梅
版式设计：水长流文化 责任校对：吴丽婷
印刷：北京通州皇家印刷厂
版次：2023年3月第1版
印次：2023年3月北京第1次印刷
发行：新华书店北京发行所
开本：710mm×1000mm 1/16
印张：16.5 彩插：10
字数：450千字
定价：88.00元

一、藏茶之源

蒙顶山门

西藏佛学院（左）赠送"藏茶之源"唐卡

皇茶园开园法会（贾斌摄）

蒙山施食仪轨发源地——永兴寺

名山新店镇我国唯一的茶马司遗址

中国茶叶流通协会王庆会长（右）同雅安市毛凯副市长揭牌

照片除标注署名以外均为陈书谦提供

二、生态雅安

霞光辉映高山茶　蔡山祥云照雅安（贾斌摄）

马达山生态茶园（张雅博摄）

牛碾坪万亩茶园（贾斌摄）

世界自然遗产大熊猫栖息地核心区

牛碾坪万亩茶园（贾斌摄）

三、人类非物质文化遗产

刀割茶

红锅杀青

蒸茶

蹓茶

渥堆（贾斌摄）

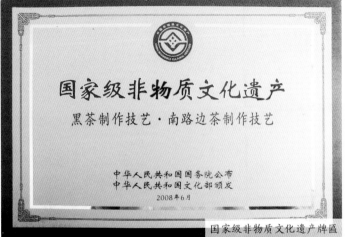

包茶

春包

国家级非物质文化遗产

黑茶制作技艺·南路边茶制作技艺

中华人民共和国国务院公布
中华人民共和国文化部颁发

2008年6月

国家级非物质文化遗产牌匾

7

知情同意书

本人陈书谦，男，1953生。雅安市供销社原副主任、调研员，2013年2月退休。现任四川省茶叶流通协会秘书长、雅安蒙顶山茶产业技术研究院副院长，兼任中心藏茶文化研究中心副主任，四川省藏茶产业工程技术研究中心文化与品牌研究所所长等职。

本人原具体负责"南路边茶传统制作技艺"国家级项目申报工作，多年来坚持研究，弘扬巴蜀茶文化，业已主编、合编出茶书有：川藏茶马古道论文集"、"雅安藏茶的传承与发展"、"蒙顶山茶文化口述史"、"蒙山茶文化说史话典"、"说茶论道蒙顶山——全国茶学青年科学家论文集"、"茶马古道与藏茶文化探论"、"渡船茶马古道"、"历史为川茶作证"等与巴蜀"雅安藏茶是中心黑茶的典型代表"、"浅析中心黑茶的创新与发展"、"始于巴蜀的绿色茶文化传承与传播"等论文40多篇。

本人知悉中心传统制茶技艺和相关习俗申报列入人类非物质文化遗产代表作名录这一工作，感到特别高兴，并表示积极支持和参与申报工作，尽其所能地收集、提供相关资料，为传承、弘扬和发展茶文化作出应有的贡献和积极的努力。

陈书谦
2020.12.11.

电话/028-65163028   四川省成都市新都区木兰镇龙和国际茶城
028-65163035   邮编：610513
邮箱地址/xncyjzx@126.com

申报列入人类非物质文化遗产代表作名录知情同意书

四、藏茶精品

金尖茶　康砖茶

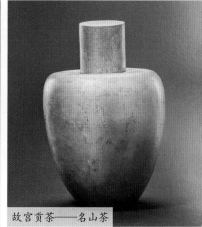

竹条茶包　故宫贡茶——名山茶

火番饼　朗赛小条茶

中央代表团礼品茶（贾斌摄）

木里庆典纪念茶（王彪摄）

柯罗金尖茶（王彪摄）

民族团结康砖茶（梅杰摄）

甘弘新型藏茶（甘玉祥摄）

五、古道巨变

背负300多斤的大力士

泸定桥又称"皇桥"（殷晓俊提供）

咱里古道上的背夫（殷晓俊提供）

古道与海子、公路共存

飞仙关318国道（贾斌摄）　折多山318国道（黄健摄）

川藏高速过名山（黄健摄）　高速高铁同向青藏高原（黄健摄）

高铁飞驰跨茶山（黄健摄）

六、家国情怀

2002年吉隆坡茶文化交流活动

2004年国际茶文化"一会一节"开幕式

綠茶的 故鄉 中國 四川省 雅安市 弘報館

Publicity Hall of A-an City, Sacheonseong, China Home of Green Tea

2005年到韩国河东郡参展

茶祖吴理真
ESTOR OF TEA: WU LI ZHEN

2005年中国茶叶博物馆茶祖雕像揭幕

2007年南路边茶（藏茶）传承与发展高峰论坛

中国藏茶文化研究中心在雅安中国藏茶村成立

四川省藏茶产业工程技术研究中心在雅安成立

2019年中国　雅安藏茶文化旅游节开幕

茶商的家国情怀——荣经姜家大院正堂匾额

周公山茶汉藏情浮雕

脉地区和金沙江、澜沧江、怒江流域，以茶马互市为主要载体，以马帮、背夫为主要运输方式的古代商道。它作为一条连接西藏与其他地区的古代交通大动脉，历经唐、宋、元、明、清，不仅促进了古道沿线地区的发展，更成为汉藏等民族交往、交流、交融的大通道，为巩固西南边防、维护祖国统一、铸牢中华民族共同体意识做出了不可磨灭的历史贡献。

我们沿茶马古道西行，到达千里之外的拉萨，大家一路感叹，这条曾经的汉藏茶马交易古道实在蕴藏着太多的历史奥秘，我们一生也未必能真正看清它、读懂它。作为《沿着茶马古道西行康区》的作者，我与广东花城出版社《随笔》编辑海帆在这次考察中最难忘的是第一站——雨城雅安。

说起雅安，我们甘孜人最熟悉不过。无论过去在成都读书，还是现在从北京退休定居成都，每次要回家乡"圣地"甘孜，雅安都是我的必经之地。

那次的考察之路，第一站就是雅安市的名山县（今名山区）。名山的蒙顶山是我国有文字记载最早人工栽培茶树的地方，这里不但出产曾经专供皇室的贡茶，而且也是过去茶马互市中传统藏茶（边茶）的主要生产基地。蒙山以夏禹足迹所至而有"禹贡蒙山"之称，以入贡"仙茶"久负盛名并列诸经史。早在蜀国望帝杜宇以前，四川先民就发现了茶叶，经过药用、食用，而成为重要饮品，至今已有数千年的历史。到了唐代，蒙山茶被列为贡茶之首，诗人白居易有"琴里知闻唯渌水，茶中故旧是蒙山"的赞誉。据《元和郡县志》记载："严道县蒙山，在县南十里，今每岁贡茶，为蜀之最。"

到了宋代，茶叶生产已遍布川西各地，名茶四起，品名众多，其中一部分"用于博马，实行官营"。据文献记载，宋代熙宁十年（1077）设置的二十个买马场，都在成都府辖区的眉、蜀、彭、绵、汉、嘉、邓、雅等州域内（《宋会要·食货》），产茶量以雅安四周居多。

名山有一座新雕刻的一男一女石雕像，象征汉藏民族团结，巍然屹立于十字路口。在这里，我们参观了全国唯一存留的宋代管理茶马交易的"茶马司"遗址，院子里耸立一座石碑，介绍了茶马贸易的历史。宋神宗熙宁六年

（1073），陕西（即西北）的茶马道受阻，北路马源告竭，这就是所谓的"马道梗塞"，朝廷随即把茶马互市的重点转移到西南地区，在川西开辟了西路马源。黎州（今汉源）和雅州在当时既是通往涉藏地区的要道，又是茶马互市的中心。宋朝规定"专以雅州名山茶为易马用"（《宋史·兵志》），并在名山设置茶马司统一管理茶马交易，把原来民间零散的茶马交易集中起来，使之成为有组织的市场。从此，大渡河以南和以西的藏族等各族同胞纷纷来此交易，每年单就官府所得额定马匹达2万匹之多。据史载，宋孝宗淳熙八年（1181），仅黎州一处茶马互市的马匹就达3341匹。

青藏高原上的藏族同胞尤喜雅州、名山等地的茶叶，所以宋朝规定这两地的茶专用于博马（换取战马），不得它用。于是在昌都、雅安、汉源、康定之间，形成了以茶马交易为中心的民族贸易往来，这里也是茶马互市重要的经济区。

到了明代，茶马交易又开始兴旺发达。明洪武十七年（1384），"四川碉门（天全）茶马司以茶易马，骡五百九十六匹"（《明太祖实录》卷一六九）。天全、雅安等地是明代茶马交易的主要市场，《明史》记载："洪武二十年（1387）六月壬午，四川雅州碉门茶马司以茶一十六万三千六百斤，易驼、马、骡、驹百七十余匹。""洪武二十七年（1394）十二月，兵部奏：是岁雅州碉门及秦、河二州茶马司市马，得二百四十余匹。"从这些数字可以看出当时茶马互市的兴旺景象。

四川甘孜和西藏等地的各族人民，是茶马互市的积极参与者。正如《明史》记载："每岁长河西（今康定一带）等处番商以马于雅州茶马司易茶。"当时茶马交换的定价并不稳定，早期考虑到藏族同胞到天全、雅安等地来回路程遥远，交通不便，因此一匹中等马就可易茶1800斤，于是卖马的人逐渐增多，生意兴隆。

《雅州府志》记载，清雍正八年（1730），"南路边引"合计茶引104000张，销售地均在打箭炉（今康定）。可见，自明代以来官府规定的茶马交易已有相当规模，茶马交易的兴盛促进了经济繁荣和社会进步，加深了民族之间的交往、交流、交融。雅安、邛崃、天全、荥经、名山等地随着茶马贸易的发展，茶号多达80余家。清代以来，沪裕昌、夏永昌、义兴等茶号在藏族聚居地区非常有名。其中雅安荥经姜家的"仁真杜吉"，历经三百年传承、三百年光华，闻名西藏各地。2020年，我们在荥经参加第三届茶马古道和藏茶文化学术研讨会期间，也从侧面感受到了历史悠久的姜家十五代传人的执着坚守。可喜的是，他们至今仍在为传承和发展雅安藏茶的优良传统，奔走于雅安与拉萨等地。

茶马古道不仅带来经济贸易的繁盛，也留下了各民族文化交流的生动史料，其中最有趣的可称为"牦牛尾巴的故事"。相传唐宋时期，戏剧演出的道具之一就是用牦牛尾巴做的假发，价格不菲。于是藏族同胞跨过高山大河，不远千里来到雅安，用牦牛尾巴换取他们所需的茶叶、布匹等，因而在雅安形成了一个市场。牦牛尾巴藏语叫作"雅昂"（Yag-ran），所以"雅安"这个地名也可能与藏语"雅昂"的音译有关。

从雅安到康定，要翻越二郎山或者大相岭、飞越岭等高山，过去那些身背上百斤茶包的背夫们，自然要历经千难万险，正如民国时期入藏考察的刘曼卿所见："自雅至炉则万山丛脞，行旅甚难，沿途负茶包者络绎不绝，每茶一包重约二十斤，壮者可负十三四包，老弱则仅四五包已足。肩荷者甚吃苦，行数武必一歇，尽日仅得二三十里。"

在漫长的茶马贸易和交往交流过程中，川藏地区、汉藏民族之间以茶马古道为纽带，产生了血浓于水的深厚情感，形成了和睦相处、和谐发展、和衷共济的格局。在雅安的石棉、宝兴、天全等县，就有一些多民族杂居的乡村。改革开放以来，越来越多的甘孜人移居雅安，每到夜晚，汉、藏、羌等各族群众共舞广场，其乐融融。

雅鱼、雅雨、雅女固然有名，但我觉得最意味深长的还是雅安藏茶。直到如今，我每次回家乡甘孜带的都是雅安的传统藏茶。薄竹片包装的长约1米的藏茶，连同一条洁白的哈达，是送给家乡亲友最实惠最讲究的传统礼物。正如格萨尔史诗吟诵的："十种美味的汉地茶，生长在汉地肥沃土地上。享用香茶的人生活在藏地，茶将雪域、汉地紧紧相连。"

《中国藏茶文化口述史》即将结集出版，分享上述经历感受，以期更多的有识之士关注并参与茶马古道、藏茶文化的挖掘、研究，促进我们的共同财富在"多元一体"的中华传统文化中继续得以传承弘扬、发扬光大。

格 勒

2021年9月30日

格勒，藏族，1950年5月1日出生，四川甘孜人。中国藏学研究中心原副总干事长，研究员、教授，知名藏学家。美国加州大学客座教授，中央民族大学、西南民族大学（客座）博导。

口述历史　传承藏茶文化

　　本书的姊妹集《蒙顶山茶文化口述史》前言中说："根据现有资料和素材，《蒙顶山茶文化口述史》计划出版一套两册，第一册以蒙顶山茶文化茶产业相关内容为主，第二册以雅安藏茶、茶马古道相关内容为主。"并在后记中做了详细具体的安排。2019年1月，《蒙顶山茶文化口述史》顺利结集出版。后来受新冠疫情等因素影响，《中国藏茶文化口述史》至今才以新的书名和大家见面。这里，谨向各位口述人和读者朋友们致以深深的歉意。

　　雅安藏茶是一个古老而又年轻的产业。说它古老，因为它有数千年生产历史和技艺传承；说它年轻，因为它恢复命名不久，正朝气蓬勃焕发生机。

　　我国茶叶多以产地加茶名为名称，如西湖龙井、武夷岩茶、云南普洱茶等，雅安藏茶以产地加销售地属性为名称，别具一格，具有特殊意义。

　　"藏茶"二字最早见于《四川官报》1907年第九册《四川商办藏茶公司筹办处章程》（下文简称《章程》）。《章程》开宗明义："本处系奉盐茶劝业道宪札饬详奉督宪批准，专为组织公司振兴茶务，保护利权而设。"办公地点在"雅州府城内，暂借雅安茶务公所为处所"。雅安藏茶之名从此诞生，意义不同凡响。

　　为什么要成立"商办藏茶公司筹办处"呢？因为清末朝廷无能，对外签订了很多丧权辱国的不平等条约，其中的《中英印藏条约》为列强经济侵略，企图用印度茶叶控制西藏打开方便之门。为维护国家利益，抵制印茶入藏，时任川滇边务大臣的赵尔丰和四川总督大臣赵尔巽兄弟共同主持，在雅安挂牌成立"商办藏茶公司筹办处"。

　　《章程》还规定："本处奉委筹办茶业公司，为保全全川藏茶权利，关系甚大。""公司集股先尽茶行商人入股……惟不集非本国人股分。如有假冒影射入股，以及将股票转售非本国人抵押债券者，本处与公司概不承认为股东，并将股票作为废纸，股银充公。"民族气节溢于言表，禁止外资渗透尤其值得称道。

经过慎重筹备，雅安、名山、天全、荥经、邛崃五县茶商筹资33.5万两白银，1910年正式成立了官督商办的"商办边茶股份有限公司"，清政府派员担任公司总办，在打箭炉（今康定）、理塘、巴塘、昌都、界姑（青海玉树）等处设立了售茶分号。

正如《严茶》所说："腥肉之食，非茶不消；青稞之热，非茶不解，故不能不赖于此。是则山林草木之叶，而关系国家政理之大，经国君子固不可不以为重而议处之也。"雅安藏茶为维护国家利益、巩固民族团结写下浓墨重彩的一页，因此为国成名，古今中外的茶叶名称仅此一例。

雅安藏茶在不同的历史时期名称不同。汉代扬雄《方言》说"蜀西南人谓茶曰'荈'"；唐代陆羽《茶经》统称茶、茶叶；五代毛文锡《茶谱》称火番饼；宋代称茶、边茶；元代称西番茶、西番大叶茶；明代称乌茶；清代称南路边茶；清末有了藏茶之名。

新中国成立以后，茶叶被列为少数民族特需商品，减免税费、保障边销，统称为边销茶；另外雅安藏茶还有边茶、砖茶、大茶、雅茶等名称，书中口述人各有表述。

长期以来，一批又一批茶叶工作者为传承发展雅安藏茶事业付出了毕生的精力和心血。为了详细、具体、真实地记录雅安藏茶产业的发展历程，本书被列入四川省2020年度社科规划普及项目（SC20KP001），同时被列入2020年雅安市社科研究课题（YA2020009）。

本书以口述史方式成书，收录了西南民族大学杨嘉铭教授2008年亲自带领"南路边茶制作工艺及其汉藏文化认同研究口述史"项目组一行11人来雅开展以老茶人、老茶企、老背夫、老工匠、老茶道为对象的部分口述史采访资料，谨以此告慰和缅怀嘉铭先生的在天之灵。

雅安藏茶的种、制、运、销多以家族传承、师徒传承、口述传承为主，企业、部门档案有限，文史方志记载简略，详细生动的茶事文献资料更是匮乏。近年编者在收集、整理、编纂《雅安藏茶志》的过程中，体会尤深。文献资料严重匮乏，民间传说零星分散，很多口口相传的茶事，由于没有文字记载而难以采信。同时一些具有亲身经历、亲眼所见、亲耳所闻"三亲"经历的老茶人，甚至一生从事茶叶工作的历史见证人，终因岁月无情、生命有限而陆续离我们而去，在此表示深切的缅怀和悼念之情。

《蒙顶山茶文化口述史》《中国藏茶文化口述史》仍是一种探索和尝试，难免存在不足之处，真诚地欢迎各位同仁和广大读者批评指正。

陈书谦

2022年1月8日 于雅安

"非遗"再晋级 可喜可贺！

就在本书即将付梓之际的11月29日晚，从遥远的大西洋之滨传来重大喜讯，"中国传统制茶技艺及其相关习俗"在联合国教科文组织保护非物质文化遗产政府间委员会通过评审，列入人类非物质文化遗产代表作名录。凌晨，网络爆棚，朋友圈欢腾，我自然也乐在其中。

再有两月就年过古稀了，为何还呈孩童之喜？只因2020年12月11日曾在雅安市"非遗"中心发来的《知情同意书》上签字说明："本人原具体负责《南路边茶制作技艺》国家级项目申报工作……知悉中国传统制茶技艺和相关习俗申报列入人类非物质文化遗产代表性名录这项工作，感到特别高兴，并表示积极支持和参与申报，尽其所能地收集、提供相关资料，为传承、弘扬和发展茶文化作出应有的贡献和积极的努力。"

晋级为人类非物质文化遗产的中国传统制茶技艺涉及15个省市的37项技艺（7项茶俗），集我国历代传统名茶制作技艺之大成，一脉相承，实至名归。其中雅安市的"南路边茶制作技艺""蒙山茶制作技艺"榜上有名，一市两项，尤其难能可贵，全省独有，更是占尽先机。一时间祝贺之辞接踵而至，道喜信息纷至沓来。

而在16年前初次申报时，"非遗"对于大多数人而言还非常陌生。我有幸参与其中仅是出于对茶行业的了解认识，然后"脑补"，边学边干。本书"'非遗'十年话藏茶"一文，对初次申遗的主要过程做了记述，这里分享一点体会和思考，以谢关心、支持我的业界同人和茶友们。

多了解行业，多收集信息，才能有机遇。当年在网上看到国务院公布的第一批国家级"非遗"名录，仅出于好奇，顺便浏览。序号413"武夷岩茶（大红袍）制作技艺"是"传统手工技艺（81项）"中唯一的茶叶项目。须知武夷山、蒙顶山都是世界知名茶山，制茶历史、传统名茶、文化底蕴、产业贡献各有千秋，武夷岩茶申遗能成，蒙顶山茶一定能成。看到希望，就按图索骥，找相关部门、找主管领导，最终找到了机会。

合作、交流，兼容并蓄，深有裨益。"非遗"申报涉及面广，历史渊源、地理环境、制茶技艺、主要特征、相关器具、传承谱系……不一而足；还需上报文本、视频、照片等。个人能力是有限的，当年供销社又正处低谷，虽为副主任进入"干部"之列，却无行政之实，只能依托协会，请来8家企业、数位专家，还有一些媒体朋友，商量、沟通、交流，群策群力，终成其事。研习、汇总材料成为深入学习的过程，受益匪浅。有人说我成了专家，其实不（恰）当，自嘲努力成为"行家"，在行业有所作为。

保护与创新、传承与发展，值得认真研究、科学把握。茶产业是涉及千家万户的富民产业，传统制茶技艺既要保护传承，也要创新发展。只有深入研究加工技艺原理，分析研究和运用相关技术数据，才能实现工业化和质量安全管理。要科学分析市场潜力，制定实施品牌建设规划，推动传统工艺融入现代工业化生产，助推、赋能茶产业，才能确保茶产业健康、持续向前发展。

国运兴茶运兴。晋级为"人类非遗"，是中国茶千百年来对人类文明的贡献决定的，是当代中国茶产业的地位和重要性决定的，更是中国日益提升的国际地位所拥有的话语权决定的。晋级为"人类非遗"后，中华茶文化可进一步为全人类分享，进一步为世界文明发展和交流互鉴作出贡献。庆贺之余，我们又为川茶抱憾。悠久的茶史、众多的名茶，申遗数量排名却偏后，与传统产茶大省地位极不相称。作为川茶人，我们尚须继续努力。

2022年是喜庆之年，也是艰难的一年。受疫情困扰，2月、9月先后两次被封成都，12月在雅安"中招"，所幸症状不重，不足一周即一切如常，预示冬天即将过去，来年一定更好。

2022年岁末

目录

第一部分 › 国企岁月与民企发展

第二部分 › 国家级"非遗"保护与传承

第三部分 › 藏茶文化研究与传播

第四部分 › 见证川藏茶马古道

第一部分

国企岁月
与民企发展

中国藏茶文化口述史

1. 从军人到茶人，从计划到市场

口述人：米燮章，1936年3月生，四川安岳人。1982年1月任原四川省雅安茶厂党委书记，1984年10月兼任厂长，1997年2月退休。米厂长退休以后，仍然长期关心支持藏茶产业的发展，率先垂范，帮助培养后备人才。2022年6月16日，米厂长不幸病逝，享年86岁。谨在此表示深切的悼念和缅怀。

军旅路上，与茶结缘

我是1956年当兵，参加志愿军抗美援朝的。我们跨过鸭绿江的时候已经停战，主要任务是去换防，1958年撤军回国。我当时是五十四军一三〇师388团教导员，师部在雅安，就这样来雅安了。1959年，我随部队进藏。1962年参加中印边境自卫反击战，我在战场受伤，1963年3月转业到地方工作。当时我国刚经历三年"困难时期"，需要大力发展商业，很多部队转业干部被安排到了商业战线，我被分配到国营雅安茶厂工作。

直到今天，我对茶依然特别有感情。为什么呢？刚进藏的时候，我不知道茶，更不知道"南路边茶"，但很快在执行任务的时候就与茶结缘了。有一次，我们用牲口拉炮、拉弹药，送补给到前线。牲口要吃草，就去找当地藏族同胞买。拿纸币给他，不要，拿银圆给他也不要。他要茶，就是一块一块那种砖茶，好在我们口袋里带了茶。当我打开口袋给他们拿茶的时候，发现有一块茶好像有点变色，我拿出来，正准备把它扔掉，那些藏族同胞马上阻拦我，嘴

16

里说着话，意思是不要丢，那个是好茶，好东西。我怕他们吃了生病，对解放军影响不好，他们却坚持要，我感觉很神秘。后来才知道他们珍爱茶，"宁可三日无粮，不可一日无茶"，这种场面和感受影响了我的一生。

转业到了雅安茶厂，我才知道这是专门生产藏族聚居区最喜欢的南路边茶的国营企业，主要生产"康砖""金尖"两种产品。"金尖"主销甘孜州（即甘孜藏族自治州，全书同），"康砖"主销西藏昌都、日喀则、拉萨等地区。这些茶都用"民族团结"牌商标，体现它是政治茶、民生茶，影响很大。

我老伴叫周树华，也是雅安茶厂的。她从雅安中学毕业后，家里经济条件不好，就到茶厂工作了。在茶厂工作的时间跟我差不多，只是没有我前面的经历。她从拣茶、晒茶、炕茶、编茶包子开始，后来当统计，从事茶叶收购方面的工作，直到1996年2月退休。

我从部队到茶厂，首先要熟悉业务，一切从头学起。先分管人事、保卫和党务工作。茶叶加工是一定要学的，每个星期至少一至两天到车间参加劳动，从初制到精制一直到包装，都要亲自去干。还有茶叶栽培管理，我们也要去了解，边学边干。当兵的人，吃苦耐劳没有问题，下了决心一定要把每道工序熟悉起来。

我是1982年1月担任茶厂党委书记的。1982年，党的十二大提出"计划经济为主，市场调节为辅"，我开始参与经营管理工作。1984年，王孟冬厂长退休，上级安排我书记、厂长一肩挑，主持全厂工作，正好赶上了国家经济体制改革的大潮流。由于雅安茶厂生产的产品有"保障边销"的特殊性，长期执行上级计划，所以走向市场比较缓慢。

计划经济时期的雅安茶厂

计划经济时期，雅安茶厂只负责生产，不负责销售，生产的全部产品都按计划调拨，统一调拨销售地区以外的市场上是买不到的。茶厂主管部门有国家民委、外贸部等，下达生产任务的是国家民委、商业部，四川省是由省外贸茶叶公司直接管理，不像其他地方是归供销社管。曾经有几年茶叶供应紧张，省里指名要雅安茶厂赶制，还要保证质量。那些年茶叶运过江（金沙江）必须要有证件，才能运去西藏，有时候运茶的汽车在厂门口排起队等。

原来雅安地区的边销茶生产企业只有雅安茶厂、天全茶厂、荥经茶厂三家，都是国营企业，原料和成品都由国家统一安排生产、加工，统一调拨销售。当地原料不够，也由商业部调配，从安徽、贵州、云南等地调原料，然后统一分配加工。1972年建成的名山茶厂是地方国营企业。1985年建成的雅安市（今雨城区）茶厂先是联营，后来成为供销社的下属企业。

我们每年有两个计划，国家计划主要供应西藏，省里的计划主要供应甘孜藏族自治州。两个计划销售价格不同，补贴也不一样。有几年厂里经济效益一直不好，年年亏损。为啥亏呢？因为产品调出价格是国家规定了的，不能上涨，但是水电、运输、人工、辅材等各种费用不断上涨，成本增加，亏损也不断上升。每年调出任务9万担*（4500吨）左右，其中供应西藏6万担，金尖比康砖多一点；其余供应甘孜藏族自治州。

我1982年担任书记，厂长是王孟冬。当时实行党委领导下的厂长负责制，他管业务，我管党务，我俩配合得很好。边销茶首先是政治任务，其次才能谈到经济效益问题，要确保完成生产计划。由于按计划调拨出去的茶叶不能及时收到货款，慢慢形成了比较大的债务，那时候叫"三角债"，企业经济状况越来越困难。

厂里职工最多的时候有700人左右，其中离退休的有200多人，每年要发40多万元的工资。当年地区有个规定，要按销售收入的5%提取生产扶持资金，每年要上交好几万。企业非常困难，我们交不起，压力很大，困难可想而知，后来就只能顶着不交了。

有幸接待十世班禅大师视察

1986年8月3日，全国人大常委会副委员长、十世班禅额尔德尼·确吉坚

---

* 担，非法定计量单位，1担＝50公斤。——编者

赞大师来雅安茶厂视察，我有幸全程参与主持接待和讲解工作。当时这件事是保密的，之前上级通知我和王孟冬厂长，要来一位重要领导，当时觉得很神秘。记得是安排视察两个地方，一个是我们厂，另外一个是印刷厂，都和生产民族产品有关。大师是坐专车来的，二级保卫，我们从他进厂时的穿着才知道是班禅大师来了。

大师进厂以后，从初制车间到精制车间都看了。参观以后讲话，当时还录了音。我接触大师的时间比较多，大师用一口流利的汉语跟我们交流，谈话也比较多，他最关心的就是茶叶方面的事情。从那些参观车间的照片上，都可以看得出来。班禅大师和我们照的集体照中，有一张照片上面有很多茶，都是准备作为礼品送给班禅大师的。

参观以后，我请班禅大师为我们题字，大师说回去写好给我们。他们住在雅安宾馆，后来赠送题字的仪式是在宾馆举行的，题词上还盖了章，是我去接受题字的。我们给大师献哈达，献茶，互赠礼品，大师送了我一支钢笔，现在我都还珍藏着，舍不得用。

另外，那几年我们还接待过不丹王子，名字记不清楚了，是二十世纪八十年代来访问的，还有美国人、日本人也来参观。

再讲一点跟西藏地区的交流。那些年一进西藏，只要说是雅安茶厂的，都会把我们当贵宾接待。二十世纪九十年代初我们去西藏，一到拉萨机场，当时的西藏自治区党委书记陈奎元在机场接待了我们，献哈达，合影留念。他要到中央开会，是专门和我们见面的。那次我们主要是去催款，计划经济调拨的茶叶很多没有收到货款。后来他们给了我们一台林肯轿车，抵了几百万的茶款，也收回几百万的现款。雅安茶厂一下子成为银行存款大户，银行还来动员我们存款、借款。在拉萨，我们接受高规格的接待，西藏的领导都很重视和雅安的关系和友谊。

特制中央代表团礼品茶

1985年9月9日是西藏自治区成立20周年的大喜日子。国家民委给我们下

中国藏茶文化口述史

达了一项任务，要为自治区每户家庭订制一份砖茶，作为中央代表团赠送给西藏人民的珍贵礼品。这是政治任务，分别按藏区传统消费习惯，订制"康砖""金尖"的礼品盒。康砖1斤*一盒，传统消费区是拉萨、日喀则等地区；金尖1.3斤一盒，传统消费区是昌都等地区，价值一样，记得总共生产了42万多份礼品茶。

安排任务的时候，专门通知我们去了北京。当时西藏自治区党委书记兼国家民委副主任伍精华同志亲自接待我们，交代任务。我们从北京回来，从原料的选择、茶叶拼配等加工制作、包装设计，都经过反复研究，报上级审查通过后才生产。我们把研制的产品寄了一箱给伍精华办公室，很快收到了回信。全文是："雅安茶厂亲爱的同志们：你们好，你们寄给伍精华同志的一箱茶叶，精华同志已收到，他非常感谢你们。精华同志带了两包茶叶到区党委常委会议室，对大家说，这就是雅安茶厂为我们西藏20年大庆专门生产的礼品茶砖。办公室用这两包茶制成酥油茶，大家都尝了。藏族同志说：很好。希望你们搞好这批砖茶的生产，保质保量。西藏人民感谢你们。此致敬礼。伍精华处。85.7.4。"

收到回信我们更受鼓舞，马上安排加班加点抓紧生产。从接受任务到交付，总共只用了72天时间，赶制出42万多份砖茶，相当紧张，圆满完成了任务。你看包装盒上是"中央代表团赠"，茶叶上面还标有四川省雅安茶厂的名字。这边是汉文，那边是藏文，其他不能加任何的文字，因为这是中央的定制产品。外面那个包装，是专门进口的纸，你看到的包装纸都是原装的。我现在还保留了两盒，非常珍贵。

一个在西部边远地区的茶厂，那么多领导从维护民族友谊的高度亲自指导工作，能够为中央代表团生产有特别意义的茶叶产品，值得我们骄傲，值得全厂干部职工们骄傲。

---

* 斤，非法定计量单位。旧制1斤等于16两，市制1斤改10两，合500克。——编者

从传统手工制作到加工机具创新

以前，藏茶长期都是手工制作，是没有加工设备的，也买不到。后来我们厂里摸索创新，搞了一些生产设备。当时我们厂有一个技术员叫王德华，他是新中国成立前学机械专业的大学生，新中国成立以后进入雅安茶厂工作。那时候"唯成分论"，他家庭成分不好，受到一些影响。他很喜欢研究，有很多想法，我就支持他搞。现在做康砖、金尖的好多设备，都是二十世纪六七十年代他带头土法上马、反复试验自制的。比如舂包机，以前工人的劳动强度很大，全靠人力用木棒反复舂压，热气大、粉尘大、费力大，工人下班的时候和挖煤工人的模样差不多。他们先做了木制舂包机，一个四方形的架子，大轮子在中间，用马达带轮子转起，带动木棒一起一落地舂茶包，代替了人工，第二步才改成了铁制的机械舂包机。还有"走帕"，原来是用手提杆子秤，把茶称好倒进木甑子，蒸上汽后倒在摊开的麻布上，麻布四角绑个绳子，一个人光着膀子，提起往舂包机里倒，然后赶紧舂包。后来先把杆子秤改为平秤，茶蒸好以后，声控自动漏茶，直接倒进舂包机，又快又省力，节省了人工"走帕"的环节。

此外，我们还先后制成了滚筒筛、抖筛、平面筛一类的机具，都是厂里自己改的。有一个最大的设备，叫风选机。原料从这头进去，风一吹，把原料吹进去，然后粗的、细的、中等粗细的原料就分三个口子出来了，非茶类物质、灰尘也吹走了。开始是手摇的，后来又改成自动的了，至今很多茶厂都在用，这就是雅安茶厂最先改制的。

雅安茶厂的原料，主要是做庄茶，分三级六等，加工时间从鲜叶采下来到渥堆发酵完成，要一个多月。今天在我喝的藏茶，那时候还没有，现在的藏茶有的缺一点老茶的香味。

逐步走向市场

1987年，经营权开始下放到厂里，我们把计划完成以后，加大了市场方面的运作，多生产一些茶直接销往甘孜、凉山等地。我们鼓励职工开拓市场，在价格统一、质量保证的前提下，多销售，多收入。销售任务落实到人头，我也带队到青海、西藏搞推销。就这样从按计划生产逐步转向市场化，藏茶慢慢火起来了。

另一方面就是开发新产品，粗茶细作。粗茶细作主要是从经济效益考虑，因为细茶的利润高，通过精工细作提高产品附加值，增加企业效益，也能扩大企业知名度，让更多的人了解企业。新开发的主要产品有毛尖、芽细，销售到西藏以外的地区；有雅香露花茶，是得过奖的；还有三花茶，也做了一些。

1990年前后，我们开发了一个新产品，叫"福寿工艺茶"。能喝、能观赏，又能收藏。包装、图案重点体现藏族文化、佛教文化。当时的想法是藏族同胞身体那么健康，就是因为天天喝这个茶，不能只搞边销，要扩大销售区域，还要走出去，走国际化的路子。可惜做得不多，因为压饼相当困难，不像现在用机器压，那时候没有机器，是人工压，很费劲，搞了很多次试验，只成功了几十块砖茶。产品出来不久，接待美国客人、日本客人，他们看上了那种砖茶，10美元一块卖给他们，当时觉得还是有点贵的。

我们还按照中央代表团礼品茶的品质要求做了一批茶，只是包装上没有使用中央代表团几个字。还有砖茶，使用川雅茶、双环牌商标。从边销走向更大的市场，我们1990年以前就开始了。当时只有我们一家在做，其他厂都没有开发新产品，所以宣传不够。真正开始宣传，是2004年的"一会一节"。

峨眉毛峰是外贸部门安排我们厂的职工袁万昌去凤鸣做的，得了国际金奖。当时经营的细茶产品也多，因为我们除收购边茶原料外，还收购细茶原料。粗茶分六级十二等，五六级的毛茶叫撒面茶，是烘青一类的毛茶。一年收上万担的毛茶，里头有一些细茶，我们就做花茶，可以加花做三级、四级花茶，盘活原料价值，盘活大众消费。我们用的烘青（绿茶）多一点，因为烘青吸花香快，炒青吸花香慢。那会儿的毛茶多，所以我们就把品种变一下，增加一些收入，增加一些销售的品种。

现在藏茶的泡法各有千秋，熬煮和冲泡方法不同，茶的香气也有区别。会泡茶还要会掺茶（斟茶），开始不要掺那么满，掺一半；喝茶的人也要会喝，不要一下子喝干，喝干了第二道就没有味道了。藏茶跟绿茶不同，越陈它的香气越好。当然也不能太陈，不能上百年（都木质化了）。藏茶最大的特点是不影响睡眠，你看我天天喝，不影响睡眠，主要是茶叶的内含成分在不断转化。

我退休前10多年，一直担任厂长兼党委书记，慢慢渡过难关，从亏转盈。1994年销售收入达到1500多万元，1997年生产达到高峰，加工边茶6000多吨，是历史最高水平，很不容易，我退休时厂里自有资金300多万元。以前工人很辛苦，我在任时开始发劳保，发奖金，提高工资，逐步解决了90%以上的职工住房。现在羌江南路那边的街面以前就是雅安茶厂的，包括现在中国银行那一排楼房的几层楼82户，厂里只出了40多万块钱，以房换房搞开发，为职工解决了住房问题。厂里还安排职工子女就业、知青返城、社会青年就业等，还接收小雅安市（现雨城区）外贸公司撤销以后的人员，安排了一两百人，缓解了社会压力，给政府减轻了负担。

那时候，茶厂职工的文化生活也搞得很好，有自己的舞厅，每天晚上都有歌舞等节目表演，每逢节假日，地区行署办公室还到我们厂办晚会。厂工会还组织出去旅游，从老职工开始，分批旅游，不影响生产，调动大家的积极性，当时是比较活跃的。

退休前，领导说把我安排到地区外贸局领退休金。当时我对厂里有感情，也不清楚退休待遇有多大区别，就没有去，后来才知道机关和企业退休收入差距实在太大。

附录：一次难得的访谈

2008年11月28日上午9点至11点半，在原四川省雅安茶厂宿舍米燮章老厂长的家里，西南民族大学研究生谢雪娇、程鹏、高楠、张佳木、赵长治、拉马文才和原雅安茶厂几位退休老人——当年71岁的米燮章、72岁的王祖禄

中国藏茶文化口述史

（1936年生）、刘培植（1936年生）和70岁的孟坤仁（1938年生）围坐一堂，听老人们讲过去的岁月。遗憾的是，听说前两年王祖禄、刘培植两位老人已不幸病逝，我们谨在此向两位老人家表示深切的感激和缅怀之情。当时的访谈要点如下。

谢雪娇：各位爷爷，我们是西南民族大学的研究生，主要研究民族民俗文化，比如我们雅安的藏茶和各位爷爷以前的工作分不开。以前的雅安茶厂拆迁了，各位爷爷年纪也大了，我们想听听你们以前的工作、生活、体会和想法。我老家是甘孜，我是藏族人，但是在雅安长大的，我也从小就喝藏茶。我这些同学有山东的、重庆的，有满族的、有彝族的，希望跟各位爷爷多了解、多学习……

程：请问三位爷爷（王、刘、孟）的基本情况。

王：我们没啥子文化，都是进茶厂以后进夜校学的。我小学没毕业就到茶厂了，那时候我父亲在私营立康茶号做茶，我11岁就到那里做工，直到1952年12月公私合营。老刘比我早点，1950年5月进的立康茶号，合营以后到雅安茶厂，我们的工龄都是从1952年12月起计算的。

孟：他们两个进茶厂比我早一点。那时候的茶厂都是私营的，1950年两个私营茶厂合并，成立了一个中翕（音xī）茶厂，1952年公私合营为雅安茶厂，他们两个就是公私合营到雅安茶厂的。

刘：我是12岁到立康茶号做工的，新中国成立初期雅安大概有十多家这样的私营茶厂。其中有几家是陕西人开的，他们开始是卖从陕西带过来的货物，赚钱以后就在这儿办茶厂做茶，把茶叶运到康定去卖，又把里面（康定）的药材贩运回来卖。1956年以后，陕帮茶厂也公私合营了，全部统一纳入国营茶厂。

立康茶号规模不大，是几个在康定的陕西人合资办的，占地大约20亩*，年产两三万条茶，每条20斤，共200～300吨茶。工人是季节性的，做茶的季

---

* 亩，非法定计量单位，15亩＝1公顷。——编者

节人就多，生产季节过了，工人就被辞退了。陕帮茶号的规模稍微大些，像义兴，资本大一点，规模也稍大一些。

当时的边茶原料是从周围几个县收的，大家叫"粗茶"或者"毛茶"。每年五六月份收回来再加工，发酵、翻堆，还要请很多女工拣茶，把茶梗、叶片、茶果子分开堆放。后面是拼配、舂包，用竹篾笆子装茶，人工舂成一条一条的，冷却后取出来分块包好再装进竹篓子，就是成品了。季节性需要人工多的工序，一是拣梗，一是舂包，还有编笆子。

我在立康茶号时主要搞茶叶翻晒。渥堆发酵后，要翻堆晾晒，然后和匀再渥堆，茶色出来后再翻晒，晒干后成为半成品，水分只有百分之几，库存就不霉变了。

王：我也做翻晒，在私营厂那时候分工是不固定的，哪个工序需要你就到哪个工序。后来到了国营茶厂，大部分工种才固定下来。公私合营时基本上把所有私营茶厂都纳入雅安茶厂了，后来又经过对私改造，就变成一个厂了。雅安茶厂在文定街，还有上坝车间，草坝也有一个分厂，大概20多亩地。

刘：立康茶号等私营茶厂和后来雅安茶厂的制茶工序都是一样的。初制一般在乡下完成，毛茶收回来要分成一、二、三、四级。发酵不好的还要渥堆复制，完成后拿出去晒，以前就是太阳晒，晒干之后收起来归仓。精制、切铡、舂包，制作过程都一样。

私营茶厂那时候都没有机械，1952年合营成立雅安茶厂之后才慢慢有了机械，如干燥机、切割机等，以前都是人工用铡刀铡。还有舂包，合营前也是用一根大木棒人力反复舂压成茶砖。

米：这是初制环节用蹓板揉茶（用脚踩着蹓板揉茶）的照片，这是晒茶的照片，这是舂包的照片。当时全靠人工，这些照片不好找。还要把茶从茶包里倒出来，每块放上商标，用黄纸包好，再把它装到笆子里面，用篾条拴好，就是成品了。包装纸是特制的黄纸，不然藏族同胞不要。

王：雅安供应西藏的茶叶占入藏茶叶总量的百分之八十以上，"文革"的时候，国务院还派人下来，检查生产，要求保证西藏的供应。

1958年厂里也炼过铁，对茶叶生产没有大的影响。那时候工人的自觉性相当强，比如说8点钟上班，都是提前就来了。不像现在讲工钱呀、加班费呀，那时候的任务都是提前完成的。

"文革"期间茶厂也受到一点影响，但生产没有停过，产量是稳定的。改革开放以后逐步变化，不像以前了，经营管理各方面都跟以前不一样。

1954年，厂里成立了机修车间，只有几个人。有一个姓王的大学生，是搞机械的。他经常出差，到外地看了人家的机器，回来就向领导反映，成立了机修车间，然后画图纸、做试验，像压茶砖的机具就是我们自己做出来的。

有了杀青机，从人工杀青改为机器杀青。还有揉茶机、粉碎机、烘干机、风选机，好多人工活改用机器了，人工省了一多半。人工舂压的时候三个人一班，早晨到晚上，舂200多条茶；现在用机器，还是那些人，可以舂500多条茶，三台机器一天能舂1000多条茶。

刘：机器做茶是1978年开始的。以前都是蒸汽发酵，后来搞自动化，把茶叶弄进机器后，放蒸汽，在机器外面看温度、湿度还有发酵的时间，当时搞试验的花费有点大，成功推广是1982年，西南农学院的刘勤晋教授来看过，制茶机还是比较先进的。

王：在立康茶号，吃饭是自己带，工资开始一个月是一块零八角钱，后来变成两块，然后又变成三块。1952年公私合营，进了雅安茶厂之后，就定级了，那个时候，乙等工12块，甲等工20块，一级工22块，二级工28块，就这样一步步涨上来的。

参加工作两年以后才能评成一级工。评工资的时候，平时的工作态度很重要，工作不认真，评工资是不行的。一年评一次，或者是两年，不一定。我们那个时候年轻又肯干，所以基本上每次评工资都有我们，工资就这样慢慢涨起来了。

我一直在茶厂的机修车间，当过机修车间班长，后来成立钳工班、电工班，我又调在电工班当班长，开发电机。退休的时候，是在电工班退下来的。因为安装新机器的时候把肋骨弄断了，50岁就提前退休了。二十世纪六十年代的时候两年被评为先进工作者。

米：1994年市场开放以后，"两条腿走路"，除了计划调拨还可以自销一部分。那时候职工工资不高，几十、百把元一个月。为提高职工福利待遇，提高职工生活水平，我们就抓住机遇搞自销，派出很多推销员到销区去开发市场，从厂里直接发货。

加工原料以本地出产的为主，外地为辅。当时国家政策是年产5万担就作为基地县来发展，我们厂年产12万多担，要从全国各地调原料。省内各茶区，湖南、湖北、贵州、广西都要调。以往本地原料不准采细茶，用刀割一年生鲜叶，称为"刀割南边茶"。每年只能立夏到白露之间采茶，白露就封山了，不准采了。

外地调进的毛茶统称"玉茶"，或者是条茶，或者是尖茶，尖茶里面有晒青、有炒青。区外调来的毛茶必须要复制，否则渥堆发酵不到位，品质不好。本地茶是从鲜叶就开始加工一直到成形。

王：立康茶号是私人的，没有什么福利待遇，公私合营之后还是没有。后来在国营茶厂才逐步有福利待遇，比如编包工有线手套。后来不同的工种，有不同的福利待遇。

我们在家里喝的这个茶都是咱们厂里生产的。咱们生产的茶是为了供应西藏、四川甘孜等地区，汉藏情谊、民族政策在厂里领导经常讲，你不要看我们是一个茶厂，民族政策是晓得的，我们的生产啊，都是很认真负责的，比如卫生等方面。

我有三个儿子一个女儿，两个在厂里，茶厂改制后到外地打工去了。我父亲从立康茶号时就是到这个厂里的，我家是三代人在厂里。

王：制茶的每道工序都很重要。一道弄不好，就影响下一道，像发酵不好，颜色、口感就会反映出来。发酵是通过人工控制，要发酵成猪肝色，完全靠经验。

（采访：谢雪娇、熊兴、吴明青等；编辑整理：陈书谦、张佳木、程鹏）

中国藏茶文化口述史

2. 结缘藏茶七十年

口述人：李文杰，1930年生，四川雅安人。16岁进入孚和茶号当学徒，新中国成立后先后任中康茶厂业务负责人、雅安地区茶叶进出口支公司副经理、雅安地区茶叶工商联营公司副经理、雅安地区茶叶进出口支公司党委书记等职，1992年退休。爱人梁文雪，1934年生，四川雅安人。1951年参加工作，1980年在工商银行雅安分行退休。2018年2月14日，李文杰先生不幸仙逝，享年88岁。我们谨在此向先生表示深切的悼念。

祖上的兴顺茶号

我祖上的兴顺茶号，从明代嘉靖年间就开始做边茶了。那个时候，稍微发了点财的人家，都会受到很多势力的敲诈，一来就要银子，交好多钱才能打发走。老祖宗觉得很受欺侮，知道光有钱不行，还要有势，要做官。后来，就给子孙请老师，教他们读书，去赶考。也有考上贡生、秀才的，我有一本家谱，上面都有记载。

清朝光绪年间（1875—1908），祖上有一位叫李伯华的先人，做生意发财后在雅安招兵买马，出钱出力平匪平叛。光绪皇帝觉得他有功，封他为"顺德府尹"，由于守孝，没有去上任。家里的老祖宗还有在西安、天津、四川做过官的，后来家里得到一个"大府第"的匾。那时候兴顺茶号有个顶子，式样就是一个官帽子。

到了清末民国时期，军阀混战，欺压百姓，横征暴敛，交不出钱就要挨打。比如说要邦达昌交3万银圆，交不出就把人扣了。孚和茶号老板也要交3万，交不出就打，老板差点被打死，被一个医生救活了，他很感谢这个医生，后来基本上供养了医生一家人的生活。那时候，读书求功名是为了免受各方势力的欺辱。后来我们家祖上有一个叫李志吉的，做了京官，回到地方上没有人敢欺负，连州官、县官都来求见他。

清末、民国时期兴顺茶号还很大，在康定有分号，销售点就在康定中桥附近。我们家在康定有房子，有门面在老陕街，那是最早的兴顺店，从明朝开始就是做茶的。康定有四大桥，将军桥、上桥、中桥、下桥，现在都还有，已经重新修过，比以前好多了。

我父亲叫李新季，也是做茶的。我祖父、曾祖父，都在兴顺茶号做茶。我父亲有个亲戚，开了家阎义亨茶号，没有经营能力，我父亲帮了他十五六年时间。

二十世纪三十年代，我祖父一代有27房（27个弟兄），是个大家族。那时候雅安小五街一条街都是我们李家的，大概有40多亩地的房子。后来出了抽大烟的，又遭了一次火灾，家业全部烧毁，家道一下子就衰败下来了。

家道衰落，我到孚和茶号当学徒

我10岁左右时，家里在康定的房子被卖了，雅安的茶生意也做不起来了。15岁我初中毕业就到孚和茶厂当了学徒，后来做见习生。我们家与孚和茶号有点亲戚关系，那时候有钱人之间都要互相连亲的。当时孚和茶号是雅安最大的茶号，我一边学做茶一边学做一些销售，干了三年多后到了新西远茶厂，它是1950年建的，老板叫刁车武，原来是二十四军医院的院长。新西远茶厂在上坝，厂里没有搞边茶的内行，就把我请过去给他们当厂管，1953年，厂子就垮掉了。

之后我被安排到西康省茶叶公司，从1953年到1954年，公私合营对私改造的时候统一合并到了五一茶厂（公私联营），后来又合并进入国营雅安茶厂了。

中国藏茶文化口述史

记得当时还有一家中国茶叶公司，是新中国成立前就成立了的，地址在现在的大北街建设银行那边。雅安的经理叫徐世度，弟弟叫徐世旭，两兄弟都是复旦大学毕业的。当时刘文辉是西康省*主席，国民党特务组织想控制刘文辉，来调查他，知道他是真的在搞边茶，要不然就把他当官僚办（杀）了。刘文辉觉察到了，就安排抓紧生产康砖茶，一年3万担（1500吨），专销西藏。金尖茶是所有商号都生产，销量大，雅安一年生产22万担左右（1.1万吨左右）。

雅安茶叶清代开始就叫"南路边茶"，原料主要来自雅安当地和川南乐山、宜宾、泸州一带。那时候青衣江是通航运的，乐山、宜宾、泸州的毛茶都是从水路运到雅安，一般被称为"下河茶"。那时候这些产茶的地方都有收购、加工茶叶的机构和人员。

以前一般都是茶园的农户搞种植、管理，季节到了要采摘、选叶子、卖鲜叶原料。茶贩收购鲜叶自己加工，初制成为毛茶后卖给茶号。茶贩初制毛茶，要杀青、揉捻、炒制、干燥，接下来就卖给茶号。茶号收了茶还要进一步加工，进入精制流程，工艺跟现在差不多。

雅安当地茶叶原料是最好的，特别是周公山一带的茶叶原料，叫"本山茶"，传统习惯是采粗不采细，就是不采制加工细茶。农民主要搞生产，管茶园、采摘、卖鲜叶，茶贩制成毛茶后卖给茶号。茶号进一步加工精制，有的需要渥堆复制，然后分级配仓、舂包紧压、分条包装之后，才运进藏区市场销售。

南路边茶的核心工艺是渥堆发酵和配仓，又叫拼配。渥堆发酵在鲜叶杀青、揉捻以后就要进行一次，达到猪肝色，要大仓堆放，水分不超过10%就不会引起烧仓。舂包后要有点水分才能促进发酵。经过停仓发酵、舂包后发酵，就没有苦涩味，滋味很醇和。配仓是根据成品等级要求，把不同等级的毛茶原料拼配、加入一定比例的茶梗，拼配成为合格的产品，所以俗话说

---

* 1939年成立西康省，1955年撤销，所属区域分别并入四川省和西藏自治区。——编者

"酒靠勾兑，茶靠拼配"，就是这个道理。这些工序历史上都是人工操作，凭师傅的经验把握质量、口感。茶叶从发酵到舂包，包括做成成品茶以后，都还有一个后发酵过程，也就是陈化过程，通过陈化提高品质、口感。茶叶舂紧成砖，对后发酵有利，避免水分蒸发过快。而且紧压茶不松散，便于运输、携带。以前的茶，背到康定要差（少）半斤，啥子原因呢？就是渣渣末末要掉下来。

从传统品质来讲，大体上康砖要高一个档次，金尖低一个档次。清代实行引岸制，买卖多少茶就是多少引，茶厂生产多少引要买多少引票，买引交钱就等于上税。

我知道的陕帮与川帮

雅安是南路边茶加工制作的中心，康定是南路边茶销售的集散地，新中国成立初期还有四十多家茶号。

陕帮大致从明代嘉靖年间就在雅安做茶了，著名的茶号中有个"义兴店"。义兴茶号老板刘志湘是西安的，有一个后人叫刘文珠，女的，是我的同学，后来回陕西去了。还有一个茶号叫"天增公"，资本比较雄厚，老板叫姚文青。

刘家、姚家是当时最大的老板。

姚老板叫姚文青，很传奇，读大学先学土木，后学经济，两个本科读了八年。回到家里就让他管家族企业，国内国外都有。雅安、成都、重庆、上海，还有加尔各答、仰光、南洋等地都有他家的企业，相当有钱，他家以前在西安有15个院子。我们1990年前后编纂《南路边茶史料》收集资料的时候，专程去西安走访过他，去的时候他父亲还在，当时只剩下一个院子，其余的"土改"时都上交了。二十世纪五十年代对私营工商业实行社会主义改造时，姚文青愿意公私合营，抽走了一些资本，也拿出了一些黄金。当时的政策是"限制、利用、改造"，保持加工，稳定生产，直到成立雅安茶厂、河北茶厂（厂址在雅安河北街）等。

姚文青实行领本制，自己不去当老板，而是在学徒、先生、高级职员里选一个最得意的来让他承包。比如我交多少资本给你管理，这叫领本，每年交回多少利润，就由你自己去管理、经营，按现在的说法就是所有权与经营管理权分离。姚文青不搞世袭制，他认为如果是父传子，子传孙就会产生腐败。这样每一个时期他都选得意的助手、帮工来经营。

川帮的代表是孚和茶号。孚和茶号余家是民国时期雅安很有名的一个大茶商，实力比较雄厚。余家有当官的，比如精武团副团长、雅安中学校长，还有一个是师的军需处处长。刘文辉有个侄儿叫刘元忠，是二十四师的师长，孚和老板的徒弟，逢年过节都要过来拜老师。实际上刘元忠求助于孚和，是借孚和的力量找钱，互相利用。余家几弟兄很有势力，有官方、军方等背景，有一个女婿是民国川康平民商业银行经理，所以当时川帮没有哪个惹得起他。公私合营时，孚和茶号规模还很大。

还有允蒙茶号，是余东高和余九英两兄弟办的，在文定街有30多亩地，后来的国营雅安茶厂就是孚和茶号和允蒙茶号原来的地方。当时雅安茶商主要就是孚和，其他有义兴、恒泰、天增、聚成、利康。利康茶厂原来是22亩地，后来只有18亩，我离开的时候，18亩地中的一部分被建筑公司拿来修了房子。利康是刘文辉的一三七师买的土地，也有其他官僚资本。官僚资本一部分，私人资本一部分，公私合营成为中康茶叶公司。

在那个时期的销售中，茶商与藏商多是以物易物，用马匹、裘皮、药材换盐、换茶。我看到的不是用钱买，康定最早是茶马互市，一匹马换多少条茶？大概40条茶换一匹马，名马好马要80条茶叶交换，那时打仗要靠马，茶马互市在康定其实等于是茶物互市。

川帮是世袭制，父传子，子传孙，管理理念没有陕帮先进。川帮后来走下坡路了，嫖、赌、抽，特别是抽大烟（鸦片），好多把家整垮了。义兴店为啥从嘉靖年间就一直经营了两三百年？他搞这么长就是靠领本制。他们陕帮孤儿寡母多，生个女孩，就招个女婿上门来管家，或者交给帮他的人来管。你能搞，下一年就还交给你，不能搞，第二年就可以撤你的职。

当时川帮也晓得陕帮的管理方式，但是川帮舍不得放权，怕外人整他。我们老板曾经把雅安这边交给一家姓郑的管理，叫郑朴贞，荥经人。他是孚和茶号的当家掌柜，聘请他当经理。孚和茶号不简单，一百多人都靠这个茶号。大概是1945年，郑朴贞做雅安这边店的当家掌柜。康定实际上是总号，雅安只管生产，运到康定销售。他（郑朴贞）就管收购、加工。管了三年，也不说他好也不说他坏，就把他解聘了，孚和不相信外人。在这之前，成立了康藏公司，当时是西康省。康藏公司在1945年就解体了，它垮的原因是摊子太大、股东太多。运到康定的茶，大老板多分一些，几个老板分着卖。

新中国成立前雅安的茶号、茶厂、公司比较多，有孚和、天增公、义兴、恒泰、聚成、（李景章的）景章（茶号）等；还有旭川、康藏、允藏等公司，这是雅安范围内的，另外邛崃、名山还有。名山解放前的茶厂都垮了，有李隋唐啊、张百万啊，都垮了。义兴原来不是做茶的，老板刘志湘，嘉庆年间就来了，现在的刘文珠，都是第六代了。天增公原来是山西过来卖布的，后来也做茶了。

古道上的背夫和藏商

雅安解放以前到康定是没有公路的，背茶全部靠人工，背到康定相当艰苦。一条茶16～20斤不等，一般人背八九条，也有背十七八条的大力士和背两三条的"小佬幺"。

背茶的叫背夫，都是吃苦耐劳的人。他们组织起来，领头的叫"交头"，其实是担保人。背夫从茶号领茶要先找"交头"交手续费，开担保条，然后拿担保条到茶号领茶，背到指定地方交茶。一般是从雅安背到汉源的宜东或者天全的两路口，也有直接背到康定的。

那时候背茶走"小路"要翻二郎山垭口，有的背夫只背到两路口的中转茶店，再由另外的背夫背到康定。走"大路"在汉源宜东也有中转茶店，背到宜东的叫"短脚"，一直背到康定的叫"长脚"。茶路上20～30里*就有一

---

* 里，非法定计量单位。1里＝500米。——编者

个站口，大的叫脚店，小的叫幺店子。背夫都是穷人，他们都要带上够吃十天半月的玉米馍馍，路上幺店子买碗菜汤，甚至一壶热水就馍馍，就解决一顿饭，还有就着冷水吃的。背夫的工钱差不多要占到茶叶钱的将近一半，运费也是相当多的。比如雅安一包茶30元，背到康定运费将近15元。为啥子不用骡马驮运呢？山路又窄又险，还没有办法准备草料，成本比背运还要高，所以雅安到康定九成以上茶叶靠人工背运。

以前做生意从雅安到康定，再有钱还是除了坐滑竿以外，有很多地方要走路。有的地方只能抬着空竿竿过，要是坐着恐怕连人都要摔下去。二郎山的路更加不好走，新中国成立前我去过，那时候到康定要四天半到五天，现在当天可以打一个来回。那个时候没有公路，都是走路，冬天还过不了，一直到干海子那些地方，只有走路。

我见过背茶的人死在路边的。有一次老板派我们去路上清理丢失的茶叶，看见一个背茶工死在路上，就只能草草掩埋。我们把茶又收回来，这种情况很多。

新中国成立前，甘孜、阿坝、昌都有三大藏商（邦达昌、日升昌、三多昌，合称"三昌"），三昌都很有名，他们可以包办销售一个茶号生产的一两万包茶。邦达昌资本最大，有一个大运输帮，他们的骡子、马匹可以从康定一直排到拉萨，现在还有后人。

主要销售地点是在锅庄，那时候康定有40多家锅庄。锅庄一多半是藏商，主要提供食宿，包括人、马、牦牛，也可以做买卖，还有银号之类的金融服务，相当于后来的货栈。藏商要买茶就住在锅庄里，锅庄就介绍向茶商老板买茶，再打成牛皮包子。那时候茶包到康定要换牛皮包装，牛皮包运往前藏、后藏以及边远的牧区，在马背、牦牛背上才耐磨，不至于损坏。

茶号用茶叶换毛料、毛皮、药材，再拿去卖，记得民国时期孚和茶号在兰州就设过分号专卖毛皮。另外在上海卖麝香，上海是口岸。重庆渝康源专门收药材，我们茶号在那边设了点。即便不是茶号，也要买茶和藏民换，没有茶叶与藏族的生意不好做。新中国成立后茶叶供应才满足了藏族同胞的需求。

多数老板各有各的合作商户，在销售多是以物易物，用马匹、裘皮、药材换盐、换茶。

古代都是以茶治边，新中国成立后才满足了边疆地区人民的茶叶需求。

国营雅安茶厂

新中国成立以后，茶厂开始实行计划经济。我到雅安茶厂工作，干过很多岗位。后来主要搞业务，以前在茶叶公司当经理也是搞业务。我是1978年成为中国共产党党员的，比较晚。但是一直都跟党走，后来组织安排我当了党支部书记。

计划经济时期，雅安茶厂在文定街是不收购茶叶鲜叶的，都是收购初制毛茶。产茶的乡镇有很多收购站，像和龙乡的收购站，甘福琴、伍文广夫妻，都是做毛茶卖给我们收购站的。以前雅安周边农村基本上做边茶，因为搞边茶价格稳定，细茶产量不多，在市场上也不好卖。

上里、中里、下里也有收购站，大河、宴场、沙坪、大坪、孔坪都有收购站。收购站的负责人有的是雅安茶厂派去的，有的是当地的。名山、芦山是委托供销社帮助组织收购，天全、荥经、雅安这三个厂是国营茶厂，直接收购毛茶，然后精制销售。

我在雅安茶厂主要负责茶叶收购的时候，草坝茶厂属于雅安茶厂。雅安产茶的乡、点我全部都跑过。那时候没有汽车，完全靠走路，穿着草鞋下乡，工作很艰苦，不像现在到哪里都可以开车子去。新中国成立前，雅安茶叶不多，全靠新中国成立后的大发展，老一辈都知道，二十世纪六七十年代每年要到福建去调茶种子回来种。

那时候雅安、名山的每个大队、生产队都有茶叶辅导员，是专门负责发展生产的。我们基本上都要去这些点上收茶叶，雅安几十个产茶的乡镇我都跑遍了。

比如现在的和龙茶厂，那时候甘福琴就是帮我们搞初加工的。茶叶是统购统销，毛茶收购全归雅安茶厂管，在乡镇统一设收购站，我在厂里主要管收购。和龙是一个大的产茶公社（乡镇），是最后设的一个收购站。甘福琴的爱人伍文广当时是大队党支部书记，也做茶、卖茶给我们，后来就办起了和龙茶厂。

雅安藏茶的传统制茶工艺，从新中国成立前到现在主要的流程基本上没有变化。具体加工方法，特别是各种加工机具的发展变化比较大。比如现在搞的新的渥堆发酵法，是用格子隔开来，四面是木板墙，中间堆茶叶进行发酵；还有一种是保温发酵，那个成本比较高，用起来比较难，成本较高，不太值得。

还有哪些设备呢？主要有手工风筒、筛子等木、铁制设备，半机械半人工进行风选、拣梗等。有些工艺从人工变为机械化，如舂包从全靠人工，到木头舂包机架子，到现在铁制舂包机，开关都很方便。以前8个人舂200包的时间，现在只要5个人就能舂400包，人工减少，产量提高，而且机械舂包更加紧实了。

传统南路边茶包装要用黄纸，有两个原因，一个是藏族同胞喜欢，二是这个黄纸不是牛皮纸，是黄草纸，是手工纸，这种纸透气性好，宜于后发酵。牛皮纸透气性差，水分挥发不掉。用手工纸一是习惯，二是工艺要求。

"民族团结"牌是四川省外贸茶叶公司的注册商标，授权雅安茶厂、天全茶厂、荥经茶厂、名山茶厂、中茶公司使用。以前还有一个牌子（商标）叫"柯罗"牌，后来全用"民族团结"商标。

我先是在雅安茶厂，1978年调动到地区茶叶公司，1992年在地区茶叶公司退休，那时候雅安茶厂还没有改制。

编写《南路边茶史料》

我退休前搞过一段时间党史，是1990年被抽调参加《南路边茶史料》编写工作，主编是何仲杰，我和地委统战部的冯沂是副主编。这本书是为《中国资本主义工商业的社会主义改造》（四川卷）编撰的典型材料之一，所以由地委统战部、地委党史办牵头，领导们都很重视、支持。

收集《南路边茶史料》资料的时候，我们专门组织到四川省档案馆查阅相关的档案，那里保存的茶叶方面的档案很多。书的主要资料是从省档案馆找到的，还有一些资料是我们走访茶商老板时得到的，本地、成都，还有西安也去过。

一家人的茶缘

我爱人梁文雪也是本地人，雅安解放就参加工作了。开始是下乡到农村搞减租退押，县城里搞清匪反霸，运动结束以后领导征求她的意见，她愿意到银行，就分配到银干班去学习。银干班是1951年成立的，全名是"西康省银行干部训练班"，地点在现在的雨城区中大街；1952年，学校迁到天全（县）始阳（镇），增加了一个牌子"西康省初级银行学校"；1953年，学校又从始阳迁回雅安斗胆村，继续挂两块牌子；1955年7月，西康省部分区域并入四川省，学校就撤销了。当时的学制是两年，毕业后分配到雅安接收过来的旧银行里面工作。后来旧银行迁到成都去，她就留下来经分配进入工商银行，一直工作到退休。

我们是1951年结婚的，到现在60多年了。那时候，我们都是住在茶厂的宿舍。

我们家两个儿子一个女儿，都在雅安工作。大儿子也是雅安茶厂的职工，工资不高。后来我们在名山新店自己办了一个加工厂，厂房是租当地生产队的。大概有10年左右，因为多种原因就停办了，主要一是资金不多，周转比较困难，二是后来实行QS的生产许可证，各方面条件要求比较高，我们就退出不办了。

我哥哥李文定也是新中国成立前就开始做茶的，当时他就在庆和茶号作工。1951年，十八军进藏的时候，茶叶供应不足，解放军在雅安就租了庆和茶号来熬制茶膏，大致前后有一年时间。那时候二郎山公路没有修通，运茶全靠人背马驮。茶包携带不方便，就熬制浓缩成为茶膏，减少重量，方便携带。我哥哥按照部队给他们的指示，就在厂房里面熬茶膏。庆和茶号地址在以前雅安造纸厂隔壁的河边上、原来雅安汽车站的背后，现在已经改造为协和广场。我去看过熬茶膏，是把几十斤边茶一起放到大锅里面，一大锅水烧开，大火熬煮，熬到茶汤很浓，熬成膏状，连茶叶一起晒，让水分全部挥发就成为茶膏，实际是连叶带梗晾干的，一方面减轻重量，便于携带，另外一方面方便饮用，高原上开水一冲，很容易溶解。要喝的时候刀撬一块下来，放到开水里面，很快就成为一锅茶汤了，很方便。茶膏没有什么专门的包装，熬好干了以后，用纸包起，就可以了。

2009年9月，为庆祝新中国成立60周年，中国茶叶学会对全国从事茶叶工作60年以上的茶叶工作者进行表彰并颁发证书，我是四川省为数不多的获表彰者之一，算是对我70多年为藏茶做出贡献的高度评价。

（采访：陈书谦、谢丹、谢玲、钟婷婷；编辑整理：陈书谦、高楠、郭磊）

70条茶
【品名】金尖、康砖
【等级】一级
【规格】10kg/条
【出品】1970年代

3．藏茶世家藏茶缘

口述人：李鸿启，1954年7月生，四川雅安人。原国营雅安茶厂技术副厂长，西藏名山朗赛茶厂第一任厂长，雅安茶厂股份有限公司厂长，退休后受聘为洪雅松潘民族茶厂生产厂长。李鸿启的父亲李光凡，1923年生，从老茶号学徒到成为国营雅安茶厂职工，直至退休，从事茶叶加工40多年；李鸿启的儿子李劼，1991年10月生，"洪奇制茶"品牌传承人。李鸿启先生于2021年3月29日不幸病逝，我们谨在此表示深切的悼念和缅怀，并向其亲属致以亲切慰问。

引子

2019年8月15日下午，口述史采访组陈书谦、欧阳文亮约请口述人李鸿启一家，来到位于雨城区西康路中段雅安博物馆外青衣江畔的露天茶座，李鸿启以及爱人代树娟、父亲李光凡、儿子李劼一家三代四口人接受采访，一起回顾一家人近百年的世纪茶缘。

我的藏茶家族

我叫李鸿启。这是我的父亲李光凡，1923年出生，老家就住在雅安大兴。旧社会家里很穷，每年到了做茶的季节，父亲就要去婆婆（祖母）家里帮忙。我的婆婆在家里种茶，也自己做茶，父亲接触茶叶就是从那时开始的。10多岁的时候，父亲就开始在雅安各茶号当"娃子"（学徒），义兴、永昌、孚和、恒泰4个茶号都干过，在义兴茶号、孚和茶号做的时间长一点。

陕帮茶号的用人制度极其严格，职员分为"师""相""大""娃"四个等级，各级人员采取递升制。学徒又叫"娃"，满七年可升为"大"，任"大"三年可升为"相"，任"相"九年无劣迹升可为"师"，不能越级。总的来说，陕帮茶号待遇比川帮茶号优越，职工一般比较安心，企业经营较好，东、伙都得到实惠。

1939年，西康地方实力派和茶商联合创办了"康藏茶叶股份有限公司"，公司设在西康省的省会雅安。四川省雅安茶厂的前身是中国茶叶公司西康省公司所属第三制茶厂，1951年10月改的名。我父亲是雅安茶厂第一批工人，先后干过大刀轧茶、包装、揉茶等工种，退休前十年担任了揉茶发酵班的大班长，直至1983年退休。

雅安茶厂留存下来的老照片里，有很多张能看到我父亲，尤其是一张轧茶的照片，那时候他还不到30岁。我父亲一辈子都在做茶，从民国时期的茶号到公私合营后的茶厂，再到国营茶厂退休，跨越了边销茶加工生产的三个时代，是这段珍贵历史的亲身经历者和见证人。

我母亲赵凤英，新中国成立后参加工作就在雅安茶厂，主要从事拼配工作，1981年退休，于2017年9月病逝。

我爱人代素丽，也是雅安人。1981年进雅安茶厂，那时才十多岁，主要从事原料收购工作。还有我的妹妹李鸿霞、我的岳父代学顺都是雅安茶厂的职工，当年我们一家有6个人在雅安茶厂上班。

我儿子李劫，大学毕业以后，也回到雅安，自己创业，走上了传承发展雅安藏茶的道路。

听我父亲讲，他们那个年代各茶号生产的产品不同，义兴茶号主要生产金尖，也生产一些高档的毛尖、芽细、康砖；孚和茶号主要生产康砖。义兴茶号与孚和茶号当时是雅安最大的两家茶号，其他小茶号做的多是低档产品。李跃林是义兴茶号的技术人员，董少文是孚和茶号的技术人员，这两人都是制茶高手。

以前对藏茶的等级评判是很严的，本山茶、环路茶、顺河茶的叫法，也是对质量标准的评判结果，可以说是当时毛茶品质的标准。公私合营过渡时期，就沿用的这种质量标准和评判方法，以后逐步规范制定成了省里的标准、国家标准，比如康砖茶、金尖茶等。那时候的质量评判，没有理化检测指标，全凭采办人员个人经验，比较量化的是康砖含梗量5%~8%，金尖含梗量不能超过15%。

《南路边茶史料》有记载，中华人民共和国成立初期，在普遍推行加工订货，统购包销的同时，从1951年至1952年底，已有15户私营茶号走上了公私合营的道路。例如1951年3月，雅安孚和茶号经理、雅安边茶业同业公会理事长余宝衡，在学习了《共同纲领》*以后，认为自己的企业是同行的老大，唯恐多年剥削今后算起账来无法交代，特别是劳资纠纷难以避免，于是首先向政府提出申请公私合营。政府考虑到边茶是国家需要的物资，该厂的设备、资金、生产规模都高于同行业的一般茶号，产品在销区信誉较高，资方人员又自愿申请，条件成熟，于1951年3月经工商厅批准公私合营，定名为"中孚茶厂"，成为四川省边茶业第一家公私合营的企业。合营时经过清产核资确定公司股额为24000元，其中私股为8000元，占34%，公方由中国茶叶公司西康省公司代表投入16000元，占66%。合营后企业仍由私方担任厂长，原企业人员全部留用。

我在雅安茶厂

我15岁进入国营雅安茶厂，开始是临时工，1976年成为正式职工。进厂以后跟着好几位师父学过，什么事都做。那时候是传统学徒制，师父非常严格，不按要求做好，就要打骂。进厂时先学的架工，后来在上坝车间学初制、铡茶、分筛。先后当过铡茶班班长、分筛班班长、质检员、车间调度、

---

* 指一九四九年九月二十九日中国人民政治协商会议第一届全体会议通过的《中国人民政治协商会议共同纲领》。——编者注

车间副主任、车间主任。做过保温保湿发酵，后来又做销售，也做过收购站收茶工作。后来调入上坝车间，1991年担任上坝车间主任，然后是技术副厂长，企业改制后成为雅安茶厂有限公司的生产厂长。

雅安茶厂期间主要得益于董少云，张盈丰、廖永霞（原雅安茶厂生技科科长）、王孟冬（原雅安茶厂厂长）、米燮章（原雅安茶厂厂长兼党委书记）等领导和专业技术人员的培养和帮助，对藏茶有深入的认识和理解，是我一步一个脚印地坚持走到退休的重要因素。退休后继续从事藏茶加工制作和研究，一方面是喜欢，另一方面是为了更好地传承雅安藏茶传统制作技艺，这也是我一生的追求和信念。

我认为雅安藏茶发展经历了两个阶段，一是计划经济时期，产品系列比较稳定、齐全；二是改革开放以后，产品、品质、包装都得到很大的提升和发展。

二十世纪八九十年代，我负责销售的时候经常到甘孜、昌都、拉萨等地区出差，在和藏族同胞的交流中，找到了藏族同胞为什么喜欢藏茶的答案，特别是知道了为什么他们喜欢喝雅安及周边的南路边茶，现在叫传统藏茶。原因就是藏族民众居住在海拔3000～4000米的青藏高原，海拔高、气压低、氧气少，气候干燥寒冷，易发生机体缺氧和低压症。加之生活在青藏高原的群众饮食多为牛羊肉食、奶酪、青稞等，不易消化。所以《滴露漫录》有"以其腥肉之食，非茶不消；青稞之热，非茶不解"的记载，藏族同胞也有"宁可三日无粮，不可一日无茶""一日无茶则滞，三日无茶则病"的说法。生活在边疆高原地区的少数民族同胞喜欢喝茶，完全是身体的需要、健康的需要。

现在大家都在讲名茶，讲好茶，应该是有依据的。比如蒙顶茶是名茶，历史上有很多记载，之后又研制恢复。以前蒙顶山上的寺庙很多，寺庙的僧人一直有种茶、制茶、喝茶的传统。之后寺庙的僧人还俗下山了，蒙顶山制茶技艺一度中断。二十世纪六七十年代，雅安茶厂的梁伯希厂长曾经带人到蒙山去，研制恢复历史名茶。

雅安茶厂曾经做过茉莉花茶和绿茶，为什么呢？也是在二十世纪七十年代，雅安茶厂派了一批人到杭州等地学习，交流绿茶和茉莉花茶的制作工艺。后来的峨眉毛峰就是雅安茶厂派上坝车间的师傅到凤鸣乡结合几种名优绿茶的优点创制的新产品，雅安茶厂生产的寿眉也曾经很有名气的。

雅安茶厂的老书记是陈国均，后来调到地区外贸局茶叶公司，他是个很了不起的人，"民族团结"这个商标就是他设计出来的。当时雅安茶厂报省上的是"民族大团结"，后来省上批复去掉了"大"字，最后由省茶叶公司注册了"民族团结"商标。雅安茶厂是在1952年以后开始使用"民族团结"商标的。

计划经济时期的雅安茶厂、荥经茶厂、天全茶厂都属于雅安地区外贸局管理，所以经常一起交流，互相学习。生产南路边茶（传统藏茶）的国有企业，只有这三家茶厂。后来成立的名山茶厂是地方国营企业，名山茶厂主要作为销售甘孜藏族自治州市场的补充。计划经济时期，国家边销茶计划安排雅安主要负责西藏自治区藏茶供应，甘孜藏族自治州的边销茶供应计划由四川省安排解决。改革开放以后，藏茶生产加工放开，出现了一些民营茶厂，开始的时候民营企业的产品还不能进入昌都市场销售。

雅安茶厂的产品主要销往西藏昌都和四川甘孜，天全茶厂的产品主销甘孜藏族自治州市场，荥经茶厂的产品主销西藏市场。这是国家安排的边销茶销售的主渠道，按计划分配产销指标。以后又成立了雅安市茶厂，当时是雅安地区，雅安市是现在的雨城区，主要销售青海玉树地区的边销茶。

上坝车间当时是雅安茶厂下属的生产车间，总厂在文定街，是分开的，但人员全部是雅安茶厂的。1997年5月，雅安茶厂使用上坝车间的场地与西藏自治区拉萨市乡镇企业开发公司联合组建了藏雅加碘速溶茶厂，利用专利技术生产"速溶藏茶"产品，全部销往拉萨，很受欢迎。可惜没有生产多久，不知道什么原因，联营就终止了。

在西藏各地，不同的区域销售不同的传统藏茶产品。形成了康砖、金尖、金玉、金仓主要消费区域的差异化。毛尖、芽细是早期茶号的品牌，之后雅安茶厂把它们恢复起来。机制康砖是王德华设计的，属于当时最先进的技术，因为这个技术，王德华获得了四川省科技二等奖。

雅安是我国边销茶主要产地之一，以前要去杭州参加各种边销茶的会议。中华全国供销合作总社杭州茶叶研究院（简称中茶院）的骆少君院长经常来雅安，非常关心边销茶的生产。她说中国的茶叶有两匹黑马，一个是白茶，一个就是雅安的藏茶。骆院长对藏茶最看重和关注的，是藏茶在保健养生方面的功能作用。

2008年10月，国家茶叶标准化委员会成立边销茶工作组，并将秘书处设在雅安茶厂，成立大会暨第一次全体会议就在雅安市召开。我担任过国家茶叶标准委员会委员，作为主要起草人之一参加了GB/T24614—2009《紧压茶原料要求》国家标准的制定，2009年11月发布实施，四川省只有我一个人参加。

后来，我到中茶院参加了高级评茶师培训，当时是四川省第一个拿到高级评茶师证书的。骆少君院长给了我很多重要的指导，尤其是在藏茶保健养生知识体系方面，我学到了很多东西。骆老师的专著《饮茶与健康》，科学地解释了茶叶中的内含物质在人体中的变化，以及起到的作用，对我影响很大，使我对茶叶保健养生方面有更多的体会和关注。

我的父亲经历了从茶号到国营茶厂的过程，我也经历和见证了从国营茶厂到有限责任公司的转变过程。我们做了一辈子的茶，经历了巨大的社会变革和从业者身份的转变。体会到了雅安茶叶在乌茶、南路边茶到边销茶、到雅安藏茶的历史进程中发挥的巨大作用。数十代制茶人，通过辛勤的劳作，不懈的付出，让千年藏茶一直传承到今天，为饮用藏茶的人们带来健康，十分不易。雅安藏茶现在的蓬勃发展，离不开每一个从业者的艰辛付出，我们这个家族能成为不同时期藏茶发展的见证者、亲历者，能被称为"藏茶世家"，是我们全家人的幸福。少一片茶叶不影响汤色与滋味，片片茶叶构成了藏茶的红、浓、醇、陈的明显特征。经常有人问我，什么是好茶？我认为符合国家理化检测标准、有利于人体身心健康的就是好茶。茶无贵贱，适者为佳。

帮助民族同胞发展藏茶产业

2001年，拉萨一位长期经营雅安茶厂和荥经茶厂边销茶的大客户、藏族同胞次仁顿典决定来雅安自己投资建厂，自己生产加工茶叶再运到西藏销售。他们落户在当时的名山县，成立了名山县西藏朗赛茶厂。先是到荥经茶厂找技术人员，没有找到。后来他们找到了我，希望我能帮助他们建厂搞生产，我们约定"当年建厂、当年投产、当年见效益"。我到了名山，只用了一年时间，朗赛茶厂就建成投产。产品全部销往西藏，供不应求。帮助他们生产管理走上正轨以后，我又回到了雅安茶厂继续担任厂长。

2009年7月，我从雅安茶厂退休以后，洪雅县松潘民族茶厂邓真扎西董事长来到雅安，专门邀请我去厂里帮助他们搞生产管理。四川省洪雅县松潘民族茶厂也是阿坝的藏族同胞茶商2002年到眉山市洪雅县投资建成的边销茶生产企业。他们计划扩大建设新的厂房，需要专业的茶厂管理人员及藏茶产品的全套工艺设计方案。我到了洪雅松潘民族茶厂后，担任生产技术厂长。眉山市的洪雅县和雅安市的雨城区、名山县是近邻，都是传统茶叶产区。我在做好茶厂日常生产管理的同时，开始对雅安的本区茶、本山茶、做庄茶、茶园、茶树、低氟茶等资料进行收集、整理，进行系统分析，力争为川西南茶叶发展留下一些有用的东西。

子承父业，再续藏茶缘

2009年，我儿子李劼考上了大学。他进入大学之前，我们父子俩一起创建了"洪奇制茶"藏茶产品研发工作室。为了更好地传承藏茶，弘扬藏茶产业，我引导他了解、熟悉传统雅安藏茶的6个主要产品，认识毛尖、芽细、康砖、金尖、金玉、金仓，在此基础上设计、研发具有现代、时尚特色的新型藏茶系列产品。我们还针对不同市场、不同人群的消费需求，创新研发藏茶便捷生活茶饮，将藏茶带给更多的年轻人。年轻人有他们自己的感受和认识，还是让李劼自己说说吧……

中国藏茶文化口述史

李劼：我叫李劼，1991年在雅安出生。由于父母都在雅安茶厂工作，我从小是在雅安茶厂院子里耍大的，从四川省雅安茶厂耍到雅安茶厂股份有限公司，从破旧的砖瓦厂房耍到现代化的钢结构厂房。

小时候，我看着茶厂的师傅们做茶，感觉到他们特别辛苦。可能是从早到晚的阵阵茶香，驱散了他们的疲惫，巩固了他们坚持下去的信心。茶叶是我的家学，我听着茶叶知识长大，从小就饮用藏茶。在我的认知里，藏茶是生活用品，就像清油、大米，每天都要用，藏茶就是我家的饮用水。

2012年大学实习期间，我开始专心地和爷爷、父亲学习做茶。那时候的感觉很奇妙，就像准备了很多年，终于踏上了战场。亲身经历后，才知道做茶非常辛苦，才明白为什么传统行业都讲要熬出头，前三年是煎熬，后三年是打熬，才算得上是入了门。

父亲的指点和引导至关重要。2013年，他让我到供销总社杭州茶叶研究院学习，取得了中级评茶员证书；2017年，我再次来到茶研院学习，取得了高级评茶员资格。多年来，我先后跟随骆少君师太、刘雪慧老师（茯砖茶）、甘多平老师（青砖茶）、陈慧聪老师（乌龙茶）、杨秀芳老师（中茶院）、赵玉香老师（中茶院）、李恩义老师（藏族文化）等专家学习，体会最深的就是茶人之道，做茶先做人。我先后走访了中国各大茶叶主要产区，对中国茶叶的整体认知有了一定的积累。

藏茶是我国最早的黑茶，在不同的历史时期有不同的市场定位、产品特点和不同的名称。今天的藏茶，我认为更多地会走向保健、养生，进入前景广阔的康养产业。

千百年来，为什么我国西藏、新疆、内蒙古等边疆少数民族地区以及亚欧很多国家都有饮用酥油茶、奶茶的传统习惯呢？喝酥油茶、奶茶有哪些好处呢？牛奶是一种胶体混合物，具有两性电解质性质，即在酸性介质中以复杂的阳离子态存在，在碱性介质中以复杂的阴离子态存在，在等电离子时，pH4.6，以两性离子态存在。蛋白质在等电离子溶解度最低，鲜牛奶的pH一般为6.7～6.9，如果pH下降到4.6，酪蛋白就会沉淀，酸性溶液就会使牛奶pH下降。空腹饮用牛奶，牛奶和胃酸反应，pH下降，牛奶中的蛋白质沉淀凝结成块，人体难以分解、转化，出现胃胀、反酸等状况。藏茶茶汤呈弱碱性，混合牛奶后，奶茶pH上升到7.3左右，茶汤能有效降解牛奶中的蛋白质，使人体易消化、吸收。同时茶汤中丰富的碳水化合物和微量元素，能帮助人体更好地吸收牛奶中的钙质、蛋白质。这也是为什么藏区小孩的牙齿洁白、骨骼发育好的原因。

藏茶为什么是"边疆民族同胞赖以生存之茶"？因为藏茶具有一定的消化系统、泌尿系统、血液循环系统、内分泌系统调理作用等。以前虽然没有这方面的系统研究，但民族同胞饮用藏茶之后，身体实实在在地受益，是上千年来民族同胞的切身体验。现在生活水平提高，饮食结构变化，摄入的高热量、高脂肪、高蛋白食物较多，饮用藏茶能很好地帮助人体代谢多余的营养物质，避免三高、痛风、糖尿病等病痛的发生。

我在父亲的带领下坚守传统工艺，保证茶叶品质，把从爷爷手里传承下来的技艺，完完整整地呈现出来；我和妻子刘婧雯，也正尝试运用现代化的宣传模式，以及网络直播、短视频、网店等形式，让更多的人知道藏茶、了解和认识藏茶、饮用藏茶，从而获得身体上的裨益。爷爷和父亲在茶叶上努力了一辈子，我希望自己也能够为藏茶产业发展尽一份微薄之力。

"藏茶世家"不只是一种称谓，这是我们家几代人通过努力换来的荣誉，更是一份沉甸甸的责任。

（采访：陈书谦、欧阳文亮；　编辑整理：陈书谦、刘婧雯）

4．相濡以沫，与茶相伴六十年

——缅怀我的父亲母亲

口述人：董敏雷，1965年7月生，四川雅安人。民革雅安市委副主委，雅安市人民检察院副检察长。爱人郝逸红，1967年5月生，四川汉源人，西南大学茶学专业毕业，雅安市农业农村局高级农艺师。

父亲是2017年8月16日90岁高龄时离开我们的，至今已4年有余，他慈祥和蔼的神态，多维活跃的思考，以及至今来不及详细整理的工作笔记等相关资料，都是留给我们的宝贵财富。母亲于2020年8月16日89岁高龄时永远地离开了我们。我的父亲母亲是志同道合的伴侣，他们一起在当年的西南区茶叶公司、雅安地区外贸茶叶公司工作生活了60多年，伴随计划经济时期的雅安茶叶一路走来，见证了雅安茶叶半个世纪以来在保障边销、促进交流、维护民族团结、推动地方经济发展当中发挥的巨大作用。

父亲董年性，重庆人，1927年生。1946年考入重庆的西南学院（抗战期间叫陪都工商学院）经济专业读书，1950年毕业分配到重庆西南军政委员会贸易部下属的西南区油脂公司工作，1951年调入在重庆的中茶公司西南区茶叶公司，办公地点就在川盐大楼（今渝中区新华路重庆饭店）。母亲翁剑炯，浙江宁波人，1931年生。1949年10月从上海考入北京的中央人民政府贸易部干部学校，1951年毕业分配到中茶公司西南区茶叶公司工作。

中茶公司西南区茶叶公司也是西南军政委员会直接管理的国有公司。西南军政委员会是新中国成立初期的六大行政区政府之一，驻地在重庆。遵照中央部署，1953年2月28日，西南军政委员会改称为西南行政委员会。

1951年，父亲在西南区茶叶公司计划科担任副科长，主持工作。母亲毕业也分配到公司计划科，与父亲同一个科室。父亲后来告诉我们，那时候他们从重庆到西康省的雅安出差，重庆到成都要坐一天汽车，成都到雅安还要坐一天的汽车。他第一次到雅安出差调研南路边茶的生产情况，西康省商业厅的一位副厅长热情接待了他，向他介绍了西康省南路边茶生产情况以及存在的问题，希望西南区茶叶公司帮助向中央反映西康省的困难，给予人才、肥料、农药和资金方面的支持和帮助。父亲向这位副厅长传达了西南区茶叶公司领导的指示，要求西康省茶叶公司配合党的民族团结政策，适当降低南路边茶价格。

父亲回到重庆后，向西南区公司领导汇报了西康调研情况和西康省的要求，西南区军政委员会得知情况后，鉴于涉及民族团结政策，高度重视南路边茶生产，不久后就帮助西康省解决了边茶生产急需的肥料、农药和资金问题。之后，在康定的西康省茶叶支公司按照西南区公司的要求适当降低了边销茶价格，受到藏族同胞的欢迎。

父亲给我们讲过一个故事。他第一次到雅安的时候，当时的雅鱼很便宜，西康省的副厅长在大北街的一家小餐馆招待他吃了一顿味道鲜美的正宗砂锅雅鱼，那是我父亲第一次品尝砂锅雅鱼，留下了深刻印象。

1954年，遵照中央决定，西南行政委员会与其他几个大区一级行政机关都撤销，西南区茶叶公司也同时撤销，父母因此被调到西康省茶叶公司工作。1955年9月，西康省部分区域并入四川省后，父母被调到了雅安地区外贸局工作，之后曾经被安排到外贸局下属的雅安茶厂工作了两年，后来又调回省外贸局雅安地区办事处（后又改为地区外贸局）茶土科工作。

二十世纪七十年代末八十年代初，为了发展经济，雅安地区恢复了几个外贸支公司，其中就有雅安地区茶叶进出口支公司，业务还要受中国土畜食品进出口公司茶叶总公司、四川省公司的直接领导。

后来机构几经变化，雅安地区外贸局改为雅安地区对外经贸公司，领导下属的几家外贸支公司，并于1984年10月成立了雅安茶叶贸易中心，我父亲担任秘书长。不久后，雅安地区对外经贸公司又恢复为雅安地区外贸局。我父母就在雅安地区茶叶进出口支公司工作，一直到退休。

外贸系统的"笔杆子"

我父母因为之前都在西南区茶叶公司工作，对茶叶业务很熟悉，所以调到雅安后很快就能适应这边的工作。父亲工作勤勤恳恳、兢兢业业，他的写作能力很强，非常肯钻研，在单位得到重用，领导的汇报材料、主要的业务材料都是他来写，他也是当时外贸系统出了名的"笔杆子"。

父亲勤奋敬业，勤于写作，并且将自己在各种报纸杂志发表的文章装订成册。我家里有一本父亲用线装订的1982年至1987年刊登在省级报纸杂志上的文章装订本，主要是在《四川日报》《茶叶科技》《四川对外经贸调研》等刊物上发表的父亲写作的茶叶方面的文章。那时向《四川日报》投稿是很难被选中发表的，父亲写的《开发蒙山宝，增产名优茶》被刊登在1985年10月25日《四川日报》第二版。

1984年10月26日，中共雅安地委政策研究室《调研情况》第二十四期全文刊发我父亲撰写的《发展南路边茶生产是发挥我区农业资源优势的一项战略决策》一文，供决策参考，并上报省农村经济社会发展研究组。

父亲参加了由中共雅安地委统战部、地委党史研究室、地区外贸局组织编写的《南路边茶史料》的编审会，这本书是《中国资本主义工商业社会主义改造资料丛书》（四川卷）专题资料，第一次系统收集整理了关于南路边茶的相关史料。

1986年，父亲编写了两册《峨眉毛峰资料》，可惜第二册手稿遗失了，第一册手稿保存完好，上面详细记载了峨眉毛峰的地方标准、制作工艺及当时的产量、价格、产地、销售、出口等情况。撰写的论文《雅安地区增产名茶出口的探讨》荣获1987年四川省对外经济贸易学会颁发的社会科学研究成果二等奖。

父亲撰写的许多茶叶方面的文章和材料，主要依据我母亲提供的基础数据写成。我母亲从二十世纪五十年代初在西南区茶叶公司时就开始搞茶叶方面的计划、统计、生产等业务工作，她工作兢兢业业，一丝不苟，收集整理了大量的业务数据，制作成各种报表，提供给公司领导。到雅安工作后，为了掌握第一手资料，我母亲经常乘坐长途客车（当时单位公务用车很少）深入到天全县、荥经县、雅安县、名山县的茶厂和供销社了解生产、调拨和购销情况，有时还深入当地的公社了解情况，反复核对数据。我还记得在二十世纪七十年代，我小学放暑假，就跟随母亲到基层茶厂或供销社出差，了解茶叶生产、调拨情况，常常看见我母亲在笔记本上记录各种数据。

二十世纪八十年代，我母亲参加了《雅安地区茶叶区划》的撰稿和论证工作，是撰稿人和论证人之一。父亲母亲非常重视培养年轻人，认真对年轻人传帮带。

*郝逸红：*我（口述人：郝逸红）1988年从西南农业大学（现西南大学）食品系茶叶专业毕业后分配到雅安地区茶叶进出口支公司工作，是当时茶叶公司少有的正规茶叶专业大学毕业生，技术方面很专业。有关业务的文章等文字材料在我父母（公、婆）影响和指导下，很快适应了工作需要。我积极参加了峨眉毛峰的技术改进工作，运用所学专业知识对峨眉毛峰的加工技术进行分析总结和提升。

关于峨眉毛峰

雅安得天独厚的自然生态条件特别适宜于茶叶生长。中华人民共和国成立以后，雅安地区积极恢复发展名优茶生产，在吸收传统工艺特点的基础上，通过反复试验，恢复生产出了蒙顶石花、蒙顶甘露、万春银叶、玉叶长春等传统名茶。

中国藏茶文化口述史

父亲的工作笔记中记录着1964年全省名茶和地方产品会评结果，全省名茶共9种：山城翠螺（特级）、大叶银针（特级）和特级小叶银针、青城雪芽（灌县）、沄山玉蕊（特级）峨蕊、蒙顶石花、蒙顶甘露、万春银叶、玉叶长春，其中重庆市3个，成都市1个，乐山市1个，雅安占了4个，当时省里明确今后就重点发展雅安蒙顶茶——石花、甘露、万春银叶、玉叶长春。

二十世纪七十年代后期，为了扩大出口，雅安地区外贸部门以雅安凤鸣乡桂花二队为基地，恢复名茶生产。听父亲讲，当时雅安地区茶叶进出口支公司抽调了钱云峰和袁万昌两位技术很好的师傅负责技术研发和指导，两位师傅从旧社会就开始在茶店做茶，在四川省都是很有名的。他们在继承蒙顶贡茶传统工艺的基础上，又吸收国内其他名茶外形内质的优点，采用烘炒结合，扬烘青之长，避炒青之短，研制出了独具风格的凤鸣毛峰。这个毛峰搞出来后，色香味形俱佳，品质很好，拿到省公司去评审，获得了高度好评。后来省茶叶公司为了适应外销，于1981年定名为"峨眉毛峰"。

蒙顶甘露、万春银叶和玉叶长春都是卷曲形名茶，而峨眉毛峰的外形是紧细圆直，相当美观，选用的鲜叶原料是一芽一叶初展，所以说当时它是创新产品。

峨眉毛峰创制成功后，文字材料的收集、整理以及评审材料、各种评优评奖材料都是我父亲写的，这款茶先后被商业部、农牧渔业部评为全国名茶。1985年9月，在葡萄牙里斯本举办的第二十四届世界食品评选会上，四川省选送的峨眉毛峰、工夫、竹叶青等三种茶叶荣获金质奖。父亲保留的1985年10月25日《四川日报》第二版上，刊登有"四川茶叶香飘国外——我省三种茶叶荣获世界金质奖"的头条消息，并加编者按："四川种茶，有得天独厚的条件；四川产茶，源远流长。四川茶叶应该有自己的影响和地位，四川名茶生产应该得到更好的发展。"同时还用大半个版面刊登了标题为"开发蒙山宝，增产名优茶"的产销分析专题文章，和"雅安'峨眉毛峰'工艺绝伦"的文章，作者署名董年性。

峨眉毛峰获奖以后，很快畅销香港和北京、天津等大城市。我记得那时候的包装是类似一条香烟的长方形纸盒，以绿色为主色调，这个茶供不应求，产量又少，我喝过几次，当时的峨眉毛峰和现在的毛峰形状差不多，嫩度比现在要嫩一些。记得1985年的一级峨眉毛峰的价格是26元一斤，茶叶末子都是3.5元一斤。由于太畅销了，省外贸和地区外贸对峨眉毛峰的归属权有了争议，金奖奖杯放在省外贸机关，奖状证书放在雅安地区外贸机关，当时没有想到会发生这种局面。按理说这款茶就是雅安的，产地和研发单位都在雅安，知识产权也应该归属雅安，后来却归属省外贸机关。因为这些原因，峨眉毛峰发展就受到很大影响，雅安想申请峨眉毛峰地理标志产品却不好办。

关于南路边茶

南路边茶是一个传统名称，专指成都出南门以外的川西地区生产，并长期销往甘孜、西藏、青海等藏族聚居地区的茶叶。

雅安自古以来是南路边茶的生产中心，计划经济时期南路边茶被统称为"边销茶"。父母亲工作期间，开始是计划经济年代，后来是由计划经济向市场经济过渡的时期，南路边茶的销售还没有完全放开。当时政府支持茶农生产是有措施的，外贸局就补贴茶农化肥和农药，当时的化肥是很紧俏的计划物质。我上小学的时候，在雅安外贸局仓库里看到很多化肥，堆积如山，就在现在雨城区挺进路原外贸茶叶公司那里，砖木结构的房子。旁边的仓库还有很多茶叶，主要是细茶，也有部分边茶。细茶大多数是茉莉花茶，分特级、一级、二级、三级等。雅安外贸局负责把烘青茶坯拉到福建、广西窨制，回来拼配成各种级别的茉莉花茶。粗茶（南路边茶），堆在西门的雅安茶厂，还有部分在羌江南路的分厂，现在是中国银行的地盘。

父亲在公司主要负责业务工作，比如编制计划，依据上级下达的计划结合本地实际情况分解到各个厂家、各个部门，包括采购计划、生产计划、销售计划。父亲还参与一些决策，那时政企不分。后来父亲当了经理助理，不具体做计划统计了，协助经理研究业务，做一些管理工作，如奖金分配，那时候外贸部门的奖金比较多，比其他多数单位的都多。年底奖金上千元，那时工资都很少，加上奖金翻了一番。我父亲还被雅安地委政策研究室聘为特约研究员，关于雅安地区茶叶生产、发展、经营方面的很多情况也要征求我父亲的意见。1988年，我父亲退休，又被原单位返聘，一直工作到1991年。

父亲写了很多南路边茶方面的文章。那时的南路边茶是战略物资，是雅安外贸按计划来组织生产，然后由商业部调拨给边疆民族地区的。我1982年高中毕业的时候，在四川省外贸局的铁路转运站（成都二仙桥）工作过一段时间，外面调来的南路边茶原料在那里集中，有一条铁路专线，原料从省内的几个地方运过来，然后发往雅安，我在那里工作主要是测原料水分。雅安外贸局在那里租了一个仓库、几间办公室和宿舍，在那里转运原料，用汽车拉回雅安。转运站隔壁是省商业厅的大仓库，储存了很多茶叶，雅安生产的很多边茶就拉到这里存放，由商业厅统一调拨。

南路边茶是中国黑茶最早的传统产品，是四川茶文化的重要组成部分。在我国民族关系史上，对于国家统一、民族团结、民族交流、贸易发展，都有着特殊的地位和作用。为了全面记述、总结、研究南路边茶，中共雅安地委统战部、党史研究室组织专门班子，抽调业务骨干，通过大量查阅档案资料、广泛开展调研，编辑整理了自唐代以来南路边茶的起源、兴衰，直至社会主义新时期南路边茶的全貌。于1989年3月召开了《南路边茶史料》审稿会，我父亲提供了相关资料，参加审稿会。当时中共雅安地委党史研究室、统战部和地区外贸局主要领导和相关专家一起讨论通过文稿，于1991年1月由四川大学出版社出版发行。

关于川茶群体种

雅安地区大规模从福建、浙江、云南等地调茶种发展茶叶，是在二十世纪七十年代，奠定了现在雅安茶业的基础，我父亲母亲都去外省调过茶种。

那时我母亲在公司生产科，负责茶园生产统计管理工作。当时我读小学，记得我母亲连续几年到福建、浙江等地调茶种，和她同去的还有雅安地区农业局的游万珍同志。我母亲从小在上海长大，去福建和浙江调茶种，顺路会去上海看看亲戚和同学，回来还从上海带回盒装的小白兔糖果给我吃，有一次还给我买了一双上海产的皮鞋。

在母亲的工作笔记中详细记录了从1951年到1980年雅安各县的茶园发展情况，还有茶园品种状况。当时茶园品种结构为：①从福建引入的最多，主要是福鼎大白和福安菜茶的群体品种，占茶园面积的70%多；②从浙江调入茶籽，品种主要是中小叶种，占15%左右；③从云南引入云南大叶种，种植主要分布在名山、雅安的低山区，占1.3%左右；④1977年从湖南调入一些群体品种，这部分仅占0.25%。这些绝大多数是中小叶群体种。这些资料对现在雅安老茶树的保护和利用有较高的价值。

老照片的故事

父母亲给我们留下很多宝贵的遗产，如很多工作笔记本、他们当年收集保存的资料等，特别珍贵的是一些老照片，这里选几张和大家分享。

照片1：1989年3月14日，参加《南路边茶史料》审稿会的全体同志在中共雅安地委机关大院内合影留念。

照片上，前排右6：原雅安地委副书记贺志宽，前排右5：原地区外贸局局长刘希圣，前排左5：原地委副秘书长王洪，后排右2：原地委统战部副部长雷宗义，前排右1：原地委统战部副部长郑成勋，前排左1：原地委党史研究室副主任、《南路边茶史料》主编何仲杰，前排左3：原地区茶叶公司副书记、《南路边茶史料》副主编李文杰，后排右1：原地委统战部党派科副科长、《南路边茶史料》副主编冯沂等。后排右8为我父亲董年性。

照片2：1985年9月，雅安地区茶叶进出口支公司组织研制的峨眉毛峰获得葡萄牙里斯本第二十四届世界食品评选会金质奖。当年12月，四川省外贸局召开会议以后，将奖牌转交给雅安地区对外经贸公司，雅安外贸公司的领导和有关同志拿到奖牌后在省外贸公司办公楼外面合影留念。

前排左起：原雅安地区对外经贸公司副经理李春荣，原雅安地区茶叶进出口支公司审检科科长、高级农艺师、峨眉毛峰主要研发人钱云峰，原雅安地区茶叶进出口支公司高级农艺师、峨眉毛峰主要研发人袁万昌，原雅安地区茶叶进出口支公司经理陈国钧，后排右2是我父亲董年性（原雅安地区茶叶进出口支公司经理助理），其余是雅安地区外贸驻成都转运站相关人员。

照片3：1952年3月4日，我父母当年在重庆同中茶公司西南区公司计划科同志们的合影。后排右2是我父亲董年性，第二排左2是我母亲翁剑炯。

照片4：1985年，母亲翁剑炯（右1）在茶园查看茶叶生长情况。

照片5：1985年，母亲翁剑炯在茶叶公司生产科的工作照。

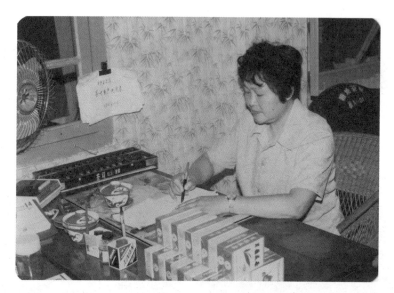

照片6：1984年10月20日，雅安茶叶贸易中心成立，父亲董年性担任秘书长时在中心门前留影。

照片7：2011年5月1日，我（左）陪同父亲（中）、母亲（右）到他们曾经工作过的地方——名山中峰万亩茶园旧地重游。当时父亲84岁，母亲80岁，他们看到雅安茶叶产业大发展，感到非常欣慰。

照片8：1984年10月，雅安茶叶联营公司和雅安茶叶贸易中心正式成立，贸易中心交易厅设立在原雅安地区茶叶进出口支公司一楼门面，实际是三个牌子，一套人员。

前排从左到右依次是：董年性，袁万昌，陈国钧（原雅安地区茶叶进出口支公司经理），杨忠品（原雅安地区对外经济贸易公司副经理），李春荣（原雅安地区对外经济贸易公司副经理，雅安地区茶叶联营公司经理），秦义德（原雅安地区茶叶联营公司副经理），钱云峰（原雅安地区茶叶进出口支公司审检科科长，峨眉毛峰主要研制人）。

（采访人：郭磊、陈书谦；编辑整理：郝逸红、王自琴）

5. 藏胞、藏商与藏茶

口述人：次仁顿典，1945年8月生，青海玉树人，藏族。西藏朗赛经贸有限责任公司董事长、名山西藏朗赛茶厂创始人。

沿着茶马古道，从玉树走到拉萨

我出生在青海玉树，现在生活在西藏拉萨。很小的时候，我父亲就不在了，是母亲将我们姐弟四人拉扯长大的。13岁的时候，我在日喀则的一个寺庙里出家当了喇嘛。西藏和平解放以后，在政府的号召和鼓励下，我参加了工作，退休前我是拉萨市城关区政府办公室的工作人员。

我在12岁之前没怎么接触过茶，因为那个时候家乡比较贫穷，小孩子是不被允许喝茶的。大人们总是对小孩子说，喝茶耳朵就会干。实际上，是舍不得给小孩喝茶。那时候，茶是奢侈品，不是每个人都能喝上的。能做茶生意的人，往往都是有钱人。

真正接触到茶叶，是在12岁那年，跟随在玉树结古寺当大管家的舅舅走了一趟茶马古道。那一路非常艰险，每天早上5点多就要起床赶路，因为年纪小，早晨实在不想起床，动作慢了就会挨打。我们大概有三四十人一起去拉萨，赶着500多头牦牛，每头牦牛大概驮50公斤的茶叶。因为路上总有人抢牦牛，所以牦牛队有四个人持枪护卫。

一路上风餐露宿，用了四个月左右的时间才到达西藏那曲。到了那曲以后，我们把茶叶卖给那曲的中间商，同时收购羊毛、酥油等物品运到印度，再从印度换回毛料、卡垫、锅等藏族老百姓平时需要的东西。这趟艰辛的旅程，让年幼的我感受到茶的珍贵和重要。在我眼中，茶就是财富，不仅能供人喝，还可以交换到很多生活必需品。

以后慢慢知道了雅安历史上就是茶马古道的重镇，茶马交易中大量的茶叶就是雅安生产的。茶叶在满足藏族同胞生活需求的同时，也搭建起坚不可摧的民族团结、经贸往来和文化交流的桥梁。所以我投资建的茶厂，就在四川省雅安市蒙顶山脚下著名的茶叶产区，从拉萨到名山开办藏茶厂的初衷，和年少时对茶叶的认识经历密切相关。

藏汉一家，建厂速度堪称一流

真正让我下决心从西藏到四川投资创办茶厂的，是我女儿的经历。

二十世纪九十年代末，我在拉萨市区街上的中心地带有几个门面，我的女儿和女婿在那里做茶生意。做到什么程度呢？荥经茶厂百分之百的茶叶通过他们在拉萨销售，雅安茶厂的茶也通过他们在拉萨销售，包括销往青海和西藏其他地区的茶，因为我们在西藏、青海都有一定的知名度。当时茶叶销售比较好，销量也比较大。另外，当时的雅安茶厂、荥经茶厂都是国营茶厂，质量价格都比较稳定，销售了好几年，销路也就打开了。

后来国有企业改制的时候，可能加工操作不大规范，茶叶质量存在一些问题，销售遇到困难。我们给厂家提意见，说这个样子不行啊，老百姓有意见。厂家说现在这个样子还在亏损，工人只能发百分之七八十的工资，实在没有办法。我们感觉再销售他们的茶不行了，老百姓觉得以前的茶很好，现在不如以前，他们怀疑我们欺骗他们，不知道这是厂家的原因。当时我还没有退休，就说要到厂家考察，看看这个是不是茶的问题。既然我们不想放弃茶生意，我就决定到雅安实地去看一看。

2000年的时候，我们到了雅安市，当地以为我们是来买茶的，吃个饭，派个车，这样就行了。结果我们到雅安市说明情况之后，就先去了荥经县。当时的想法是把荥经茶厂买下来，结果去那里一谈，估计是荥经茶厂的负责人有些情绪，好像不是特别愿意合作的样子。

后来，我们又到名山去考察，这里是很大的产茶县，而且就在蒙顶山脚下，很好。名山县委的陈书记思想很开放，对来名山投资非常欢迎，投资环境比其他地方宽松。我们当时就下了在名山创办茶厂的决心，后来实践证明，这是明智的选择。

开始找建厂的地方，我们看中的地方就是今天这里（现在的厂址），当时还是农田。为什么看好这里呢？首先这里是产茶大县，原料多，有保障；第二是投资环境比较好，从领导到老百姓对我们都很热情、很欢迎；第三是318国道就从这里经过，可以一直通往拉萨；第四是这里离成都比较近，到机场、火车站都只有一个多小时的车程。我们马上和县里签了一个意向性的投资合同，记得当时是12月份，我们说回去过完年就过来。

说到做到，一过完年，我们就到了名山，正式签订协议，把看好的20多亩地买了。2001年3、4月份就开始平地基、搞设计，很快开工建设，聘请技术顾问和生产技术人员，技术上我们不懂可以学，重要的是我们抓卫生，抓清洁化。

只用了差不多半年时间，我们的厂房就建好了，10月底11月初开始生产，当时总共投资了800多万元。

名山的投资环境确实很好，土地的、建设的、工商的、银行的办手续很快，服务还真是周到。我们登记的名字是"名山县西藏朗赛茶厂"（名山2012年撤县设区），"朗赛"是藏文化中的一位财神，我们的茶厂即以此为名。

朗赛茶厂正式投产一个月后就生产出了首批"金叶巴扎"康砖。原料放心、产品放心，我初步实现了自己的愿望。

记得还是在搞地平、围墙圈完的时候，当时的雅安市委书记过来看我，带了记者，他告诉我说："你是西藏来的企业家，西藏企业外出投资成功的不多，但是你到我们这里来了，我决不会让你倒下去。你要是倒下去了，我也要把你扶起来。"他做了一个动作，拉了我一下。他说："你做茶，是非常好的一个事情，开创藏族同胞做茶的历史。"他还对名山县的领导说，"这个地方（指茶厂）要有什么问题，就解决什么问题，必须把它弄好。如果你还有什么事情，可以直接到雅安来找我。"

当时我非常感动，非常放心地投资搞建设。中间回拉萨的时候，我给家里人和亲戚朋友们说："当地的领导非常关心啊，你们不要担心了。"

塑造藏汉交融的茶叶品牌

2001年10月份正式投产以后，我们觉得要塑造自己的茶叶品牌，所以注册了"金叶巴扎"商标。这个名称来自《格萨尔王传》，"金叶"是指金色的茶叶，"巴扎"意为吉祥如意。据说格萨尔打了胜仗，他的妃子珠姆为了赞美他的功劳，给他献上的就是金叶巴扎（茶叶）。更重要的一个指导思想是，我们一定要给藏族同胞生产最好的茶，哪怕不赚钱，也要生产合格、健康的茶叶。

我们对质量要求的起点比较高。我们找到了名山县农业局茶叶技术推广站站长、享受国务院津贴的茶叶专家李廷松老师，邀请他帮助我们制订生产标准。从原料环节开始实行标准化管理，要用正规的收茶方式和生产程序。他制订的标准，比如叶子是多少、梗子是多少、用什么样的叶子等，都有具体、详细的要求和规定。

我们拿着他制订的那个标准，跟他一起到茶农那里去，给农民宣讲、培训。按照这个标准生产的"金叶巴扎"康砖茶一投放市场，就轰动了。因为那个时候有钱买不到好茶，大家都说："这个茶就是好。"同时，当地农民的茶叶有人收购了，收入增加了，政府也非常满意。

我在名山生产的茶叶运到拉萨销售，引起了不小的轰动。我们在西藏电视台打了广告，西藏电视台、西藏日报都采访我们："这是藏族人自己做的茶？还有金叶巴扎这样的茶？"西藏其他地区的市场也开始投放，人们都觉得我们了不起。

很多藏族同胞起初以为我们是和雅安的厂家合作生产茶叶，不是特别相信。他们亲自到名山看了以后相信了，看到厂里有很多从藏区过来的制茶工人，我儿子在厂里直接管理，知道确实是我们藏族同胞自己办的茶厂。

《西藏日报》第一版第一条曾经发表《走出区门好风光》，说的就是西藏同胞应该走出去，到外地办厂、投资。《西藏日报》报道以后，青海也轰动了，青海日报社过来采访："是不是藏族第一个做茶的？"历史上藏族是喝茶不做茶的，做茶虽然不像其他行业那么赚钱，但是在藏族人的心目中很重要，因此大家都觉得很了不起。

现在拉萨不知道名山县的很多，但不知道朗赛茶厂的基本没有。连上学的小孩都说金叶巴扎"在那个地方"，他说的是销售茶叶的地方。为什么这么轰动呢？当时国营茶厂面临改制、倒闭，工人无心做茶。我们生产的茶就显得特别突出，运气比较好。

我们的茶叶西藏知道了，青海知道了，新闻媒体知道了，很多领导也知道了。西藏自治区卫生厅厅长两次到名山县我们的茶厂考察，看到我们厂搞成这个样子，非常高兴。西藏自治区常务副主席洛桑顿珠亲自来看过后说："感谢你，茶厂对西藏文化的传播发挥了很大的作用。"

2003年7月24日，西藏自治区党委书记郭金龙专程来到名山县西藏朗赛茶厂考察，看了后他很高兴地说："你是西藏的一个退休干部，到四川这么远的地方来，生产的茶质量很好，在西藏很受欢迎。你是藏族同胞的一个典范，是藏汉经济交往的一个典范。这是很有意义的一个事情。现在世界上很多冲突都是由于民族、宗教方面出问题，不要小看这个边茶，边茶从政治角度看是非常重要的。今后如果有劣质的茶，我就不让它进西藏。"郭金龙书记给我们亲笔题词："搞好边茶生产，让西藏人民喝上放心茶、满意茶"，他还叮嘱我说："今后有什么事情来找我。"

2008年，我们的企业获得了西藏自治区"民族团结先进集体"的光荣称号，能够评上"民族团结先进集体"是非常不简单的事情，全区的企业只有两家，而且是西藏自治区政协主席帕巴拉·格列朗杰亲自给我颁奖，我感到无比的高兴和自豪。

我们注册商标的第三年，"金叶巴扎"就被评为西藏自治区著名商标，《西藏日报》做了详细报道，在我之前，历史上没有一个藏族人出去做过茶，"金叶巴扎"也是西藏历史上第一个茶叶著名商标，是新的突破。

创新开发产品，提升产品质量

雅安是传统边销茶的主要产区，主要生产销售条包砖茶，西藏市场上也没有其他的茶。开始几年，我们也生产传统的康砖茶和金尖茶。随着人民生活水平的提高，消费需求也开始发生变化。根据市场需求，我们开始开发新产品、新品种。最早的"金叶巴扎"包装是我们厂设计的，做了半年以后其他厂家才开始做。现在的包装越来越小，越来越精致。

当年郭金龙书记来考察的时候就问过我："除了条茶以外，你能不能做出精品、档次高的茶，现在西藏人民的生活水平提高了，不同的消费层次都有，应该有一点变化。"认真思考以后，根据西藏群众特殊的生活习惯，我觉得应该做方便饮用的酥油茶、甜茶。因为西藏人每天早上必须要喝酥油茶，如果不喝，一天都没有精神。

还有很多出差在外的藏族干部职工、外出学习的学生、出国在外的藏族同胞，都没有条件喝到正宗的酥油茶，因为要打酥油茶，酥油、茶、盐巴、酥油桶，缺一不可，很多地方没有相应的条件。我们就想到一定要研究开发方便、快捷、地地道道的酥油茶，用开水一冲泡就能喝得到的酥油茶。

我们和四川大学食品系的教授合作，经过反复研究试验，先后研制成功方便饮用的速溶酥油茶和甜茶产品，投放西藏市场后很受欢迎。西藏的小孩考上外地的西藏中学，亲戚朋友送礼，很多时候都送速溶酥油茶；藏族同胞去国外探亲、朝拜，也带速溶酥油茶在路上喝；此外还是很有特色的旅游产品，在拉萨等城市的超市里面都卖得很好。现在川航飞往西藏的飞机上就有速溶酥油茶，那就是我们厂生产的。在西藏上班，大概10点半的时候，很多人都到甜茶馆里喝甜茶去，我们生产的甜茶拉萨人都非常认可。

四川省政协阿称（藏族）副主席对速溶茶也很认可，认为很方便，一泡就喝了嘛，不需要用酥油桶。阿称副主席好几年都定点联系我们企业，到厂里调研座谈，还给我们厂题了字："藏茶内销、各族共饮"。我们的产品印度人也很认可。印度也是喝甜茶的，做得好的甜茶也有，但是我们的产品不亚于它。现在我们的市场推广、宣传力度都还不够，还要努力，前景很好。

2007年起，雅安市张锦明副书记联系我们企业以后，很关心支持我们。我们在市县科技部门的支持下，依托四川农业大学的科技优势，与何春雷教授合作开展低氟边茶科研攻关项目，成功获得四川省科技进步三等奖。"5·12"汶川地震发生后，我们努力恢复生产，建立了"朗赛藏茶专家大院"，四川农业大学杜晓教授是我们的首席专家，指导企业开发了藏茶包等新型藏茶系列产品。

不忘初心做好茶

朗赛茶厂2001年建成以来，本着对藏茶文化及传统工艺的深刻理解和传承，改写了西藏"喝茶的人不做茶"的历史。建成了占地1.58万平方米，拥有各种制茶机具100多台（套），产品质量检测设备20多台（套），年产"金叶巴扎""仁增多吉"系列边销茶、藏茶和速溶酥油茶、藏甜茶、清茶等5000多吨的茶叶加工厂，安置当地和主要来自西藏昌都等地的就业人员100多人，带动上万人从事茶产业，为当地农民增收，为藏族同胞脱贫致富做出了贡献。

我们坚持不忘初心做好茶，多次荣获同行业产品金奖、银奖，产品畅销西藏、青海、四川、内蒙古、广东、福建和港、澳等地，赢得广大消费者的普遍认同。

我们和西藏卫视签订了战略合作协议，获得未来5年在该电视台茶叶独家宣传和合作权。同时，在拉萨格登群培纪念馆设立了独家藏茶主题体验馆，为我厂产品的进一步推广提供了很好的保障。

回顾建厂17年的经历，我觉得自己最大的收获就是生活变得更加有意义。茶厂不仅改变了我的生活，让我得到了很多荣誉，更重要的是它发展成一个凝聚着浓厚藏族文化特色的品牌，为传承民族文化做出了贡献。

同时，我为雅安当地茶产业发展也做出了一些贡献。例如2006年四川省人大常委会钮小明副主任带领省有关部门的领导到甘孜检查食品卫生情况，甘孜反映边茶卫生质量不好，梗子超标，提的意见有点尖锐。钮小明副主任回来以后向省委汇报，省委书记张学忠第二天就来到我们厂里来，我就向他反映了很多真实的情况：我在拉萨居民、牧民、厂矿企业、寺庙发了一万多张质量问卷调查表，让大家评价边茶质量"好"还是"不好"等等内容，我也发到乡镇，请他们帮我发给老百姓，最后问卷都返回来了，有的还盖了公章。签了意见的，满意度达到100%。因为我的茶的质量很突出，所以人家感谢我啊。我就把问卷的情况、新闻媒体上对我的报道都给张书记看了，我对他说，只要加强管理，茶叶质量是没有问题的。

我注册的茶叶商标，都源于藏文化的启发。"金叶巴扎"前面已经说过，"仁增多吉"则出自一个典故。传说五六百年前，就有"仁增多吉"的茶叶，它产自于雅安，作为贡茶使用。如今，"仁增多吉"已被评为中国驰名商标，这个品牌的茶叶在西藏十分畅销。

在我心目中，看起来简单的茶叶，到了藏地就有故事。通过喝茶，知道茶里的故事、茶里的文化，非常有意义。现在，我的后辈们所做的事业，虽然已经远远超出了茶叶的范围，但和茶叶仍有着割不断的联系。我的外孙女在北京大学上学，外孙子在美国上学。孩子们毕业后都想回到拉萨，他们想念拉萨的糌粑和酥油茶。

茶叶改变了我的生活，也改变了藏族人的生活。无论是过去、现在还是将来，藏族人天天都要喝茶。茶叶给我们的生活带来了变化，我们对茶叶也应该负起责任，坚持不忘初心做好茶。

（采访人：杨嘉铭、陈书谦、窦存芳；编辑整理：窦存芳、郭磊）

6. 我在天全茶厂的那段时光

口述人：杨中兴，四川天全人。1963年生，中共党员，在职研究生毕业，天全县政协原秘书长。先后在天全茶厂、县供销社等多个单位工作。爱好文学，喜好地方文化。

临危受命茶厂上任

1997年元月，组织上派我到四川省天全茶厂当法人代表（代理厂长），同去的还有另外一位同志，他任厂党支部书记。

对厂情和任务，我们并非一无所知。此前的两个月，我们就一直往返茶厂，不同的是那时我们是作为工作组成员，按照县委、县政府的指派到厂指导企业改制。现在是作为企业党政负责人进厂工作，角色发生了根本性的转变，位置不一样，责任不一样，感受也不一样。

照理，从普通机关干部到出任国企法人，算是提拔和重用，我该庆幸，也该高兴，可实际上，我一点都高兴不起来。天全茶厂曾经名声在外，是人们茶后饭余的谈资。生活在天全的人，多少都听说过厂里的事。1996年厂里就停产了，原法人代表出事，班子瘫痪，职工群龙无首。企业发不出工资，工人生活无着落，集体到县委、县政府上访，明确提出要工作、要工资、要生活。职工情绪激动，企业几乎成了一个火药桶。县委、县政府反复开会研究，组织上物色企业领导，找了许多人谈话，没有人愿意去。

记得召开职工大会，宣布我们任职决定是在元月八日。春节即将来临，县上把节前慰问困难职工也安排在同一天。那天天气不好，天色阴沉晦暗，寒风凛冽，天空中不时飘着细雨，飞着雪花。会议提前准备，发了通知，几乎所有职工都来了，加上部分退休工人、家属子弟，会议室塞得满满的。这次会议县上很重视，地区外贸局也来了领导。县委书记马作祥、县长卢泽康都出席了会议。在会上，先是宣布任命、领导讲话，随后我作为新任法人代表表态发言。本来，我是提前在笔记本上写了发言提纲、做过准备的，可是临时面对几百职工率真火辣、迫切渴望的眼神，我突然感到诚惶诚恐，心头有一种沉甸甸的感觉，出现了从未有过的不安。至今，我早已忘记在会上说了些啥，但我知道，我当时的表现一点都不优秀，语言结巴，声音也不洪亮，不仅台上的领导暗暗替我捏把汗，就连台下的工人都有些失望。事后，有领导与我交换意见，其实是在批评和点拨我，也有工人后来在一起喝酒的时候，描述了我当时的窘态。

一下子被推到风口浪尖、漩涡中心，我感到如履薄冰、战战兢兢，压力山大。

天全茶厂曾经辉煌

四川省天全茶厂本是一家有着光荣历史和辉煌业绩的企业。早在西康解放之初的1950年7月，为支援人民解放军进藏，保障藏区人民的日常生活所需，人民政府便将十多家私营茶商合并，组成天全"联合茶厂"。1951年6月，又由国营贸易公司投资进行公私合营，改称"公私合营中联茶厂"。1952年6月，正式成立"西康省天全茶厂"，1955年改称"四川省天全茶厂"。企业以边茶为主打产品，主产"民族团结"牌金尖茶工艺独特、口味纯正，深受藏区消费者喜爱，曾在1987年获得全国同类产品第一名、对外经济贸易部优质产品称号，1988年又获得全国首届食品博览会银质奖。

金尖茶是南路边茶的主要产品，一直是汉藏民族交易的传统商品，是民族团结的象征。天全茶厂是一家国营民族用品定点生产企业，生产边销茶产品，从某种角度讲，是生产一种战略物资。天全茶厂因其产品涉及民族问题的特殊性，一直坚持生产。

在计划经济时期，边茶作为重要物质，国家实行统购统销，按照指令性计划管理。据茶厂的老工人介绍，当时产品一旦完成生产，进入库房，就视同销售，哪怕是厂长，手中也只有销售3条茶的决定权。天全茶厂是国家级边茶生产定点厂家，1992年，全国有此殊荣的企业总共就16家，四川省仅4家，都在雅安地区，全部按国家计划安排生产，指定天全茶厂销售供应地是西藏昌都和青海玉树地区。除完成国家的指令性生产计划以外，天全茶厂还承担有边销茶储备任务，储备茶叶由国家补贴，企业保存。目的是一旦供应地出现天灾等不可抗拒因素，能及时拿得出、用得上，确保西藏社会稳定。

计划经济时期的天全茶厂，是县上响当当的国有企业。工厂地处县城，职工在厂里有宿舍，上班就在厂内。不像那些森林工业、矿山企业，上班要么是深山老林，要么是黑咕隆咚的井下，条件艰苦不说，安全也没有保障。茶厂的福利好、待遇高，茶厂工人也很吃香，解决个人婚姻问题也容易。记得我刚参加工作的二十世纪八十年代初期，县委、县政府最好的小车，都还只是帆布篷的北京吉普，而天全茶厂就已经有了日本原装进口的铁壳丰田越野车，县上接待上面来的大领导，还要借用茶厂的小车撑门面。

因为这些原因，天全茶厂的职工很多全家都在厂里，他（她）们或夫妻、或兄弟、或姐妹、或父子、或母女，上代人是茶厂职工，下代人也是茶厂职工，甚至第三代还是茶厂职工，职工之间有血缘，有姻缘，有亲缘，有同乡，有同学。他们一荣俱荣，一损俱损，利益共同性大，关联度高。

茶厂职工具有突出的产业工人特点，他们守时、遵纪，对工厂有归属感、依赖性，主人翁意识强烈。他们几十年、几代人，除了制茶还是制茶，别的一无所长，社会适应能力相对较弱，市场竞争意识不强。

天全茶厂坐落在县城东面，主厂区紧靠桂花桥，毗邻桂花溪。我们进厂时，厂址分为两块，总计占地约50亩，有职工200余名，其中退休职工43人，在职职工约200人。有三条生产线，第一条是边茶生产线，年生产能力4万担（2000吨），第二条是细茶生产线，生产销往其他地区的毛峰、甘露、云雾等绿茶和花茶系列产品，年产能力2000担，第三条是宏达石材厂及其下属两个花岗石矿山，有龙门切机8台，磨机10多台。当时企业总资产超过2000万元。

体制不顺遭遇困境

作为一家国有企业，天全茶厂曾经几起几落，主管部门也几度变化。早先茶厂归省外贸茶叶公司直接领导，后来管理权下放到地方。再后来又层层下放，管理权落到了县上。几十年的风风雨雨，天全茶厂还是不断地发展壮大，为边疆繁荣稳定，为民族团结作出了不可磨灭的贡献。但同时也因体制和机制的原因，企业沉疴日重，积重难返，最后走入了濒临破产倒闭的境地。

我们进厂时，企业就因曾经的盲目扩张债台高筑。加上体制不顺、市场恶性竞争等因素，被迫停产，全厂处于瘫痪状态，仅由茶厂党支部书记组织了几个留守人员，临时维持着厂内秩序。鉴于此，我们征得上级同意，动员了原细茶车间负责人胡惠文和原厂供销科负责人徐昭洪出来一道工作。

当年雅安地区有三家国营边茶生产定点厂：天全茶厂主要生产金尖，荥经茶厂主要生产康砖，雅安茶厂既生产金尖也生产康砖。当时的管理体制是三家厂业务归地区外贸局管，所用商标统一是"民族团结"牌，商标注册权归省茶叶进出口公司，三家厂要交纳一定的使用费。同一时期，雅安地区还有两家上规模的企业生产边茶，也就是后来的友谊茶厂和吉祥茶业。

千方百计恢复生产

在天全茶厂工作期间，我和同事们一起主要做了几件事：

一是千方百计筹集资金，恢复生产、稳定队伍。那时候的企业，实行厂长（经理）负责制，虽然我只是代理厂长，但是法人代表，担负责任和风险最大。进厂那段时间，我早出晚归，天天泡在厂里，不是开会研究工作，就是走访交流，了解职工思想动态，搜集意见，掌握大家的真实想法。通过走访座谈，发现职工意见大概分为三类：一是退休职工对企业感情深厚，疾恶如仇，对一点一滴积攒的企业资产视若生命，特别珍惜看重，对有损企业的行为咬牙切齿，对腐败行为恨之入骨。他们有退休金，无后顾之忧，主张"揭盖子"，把腐败分子一个个揪出来，全部绳之以法，严惩不贷，要求将反腐工作进行到底；二是部分在职职工脑筋灵光，有门路的主张改制，把企业一卖了之，拿钱走人；三是大多数职工要求恢复生产，继续经营。

企业处于艰难抉择的十字路口，下一步怎么办？开会研究，众说纷纭，意见纷争，结果莫衷一是。我心忧如焚，一连好多天吃不香，睡不安，常常半夜惊醒，以浓茶提神，枯坐天明，连小车司机都感觉到我的压力大。一次外出到成都，我和司机住一个房间，第二天他说我睡梦里都在叹气、呻吟，似乎很难受的样子。

后来幸得一位老领导点拨，我才明确了工作方向。有一天，老领导在路上碰到我，言简意赅地说："家有千口，主事一人。工人想啥？早就明明白白，有工做，有钱拿，能养家。俗话说，无事就生非，耍起就要耍出事来。茶厂是体力活，工人有活做，有工资收入，忙自己的小日子都顾不过来，哪个还上街闹事、上访找政府？保稳定不如开机器！"

一句话点醒了我们，厂领导班子统一思想以后，上报县领导准备恢复生产。县里的意思是先推进企业改制，对马上恢复生产有看法。我们又跑上跑下，反复找领导汇报、解释，最后，上级终于同意了我们的意见。

我到厂之前，宏达石材厂已经整体对外租赁，原有30多名职工，对方如数接收，并安排了工作。我们接手后，继续维持合同。细茶生产线就业工人不多，不足以"压仓"。通过反复开会研究，大家一致认为恢复生产首先是启动边茶生产线，一是边茶是茶厂的传统和主营业务，影响力大，二是边茶生产线安排就业岗位最多，维稳性强。

首先是筹集资金，恢复生产。不当家不知柴米贵，说到馍馍就得有面揉。当初因为缺乏资金，企业停产，现在要恢复生产，最大的困难还是缺乏资金。企业名声在外，债台高筑，银行不可能贷款。大家分头跑县上、跑地区外贸，甚至跑省茶叶公司，反复请示汇报，厚着脸皮死磨硬缠。上级总算同意将储存在厂里的1万担战备茶借给企业，由企业出售，所得作为启动资金，以后如数归还。边茶不同于细茶，储藏时间越久，品质越好，越值钱，这1万担战备茶已放了好几年，有好几个茶商就曾多次打这批茶的主意。我们研究决定，让徐昭洪组织销售人员，立马行动联系客户。明确工作任务后，动员一切关系，原则就是现钱交易，谁给的价最高，东西就给谁。一时间，青海玉树的茶商来了，西藏昌都的茶商也来了。货物顺利脱手，货款如数到位。我们利用原有的一些原料和半成品，再组织一些新原料，启动了边茶生产线，接着又恢复了细茶生产线，并到广西加工回来一批花茶投放市场。

其次争取政策支持，实行改制、裁员、减负。边茶生产是高温高湿行业，炒茶、烘茶离不开火，配仓、发酵需要湿度和温度，高架春包少不了蒸汽，需要烧锅炉。刘梗更是高危工种，厂里先后有多人失去一只手而终身残疾。有限的条件，艰苦的环境，不少工人都患有不同程度的职业病。通过努力，特别是有上级的关心支持，社保部门对天全茶厂倾斜政策，高温高湿的一线工人工作达到一定年限，可实行提前五年退休。这样厂里有几十名工人享受政策，提前退休，既减轻了企业负担，也解决了这部分职工的后顾之忧。

再次是充分利用资源优势，开展对外加工、输出技术。天全茶厂的工人不但茶叶生产技术好，而且加工设备也是一流，厂里的许多设备是工人们自己设计制作。我在厂期间，应渠县茶厂王月明厂长联系，曾经搞过一次技术输出，帮对方加工制茶设备。

最后是积极探索，稳步推进，拓展经营。恢复生产之后，资金周转略稍宽裕，我们又讨论，决定挤出十万元资金，开展多种经营，拓宽就业渠道，生产仿古家具，并抽调厂内有一定基础的人员外出学习，引进生产工艺。刚好在我调往县供销社工作的时候，试制仿古家具成功，生产出第一批家具进入市场销售。

中国藏茶文化口述史

难以忘怀的记忆

我在天全茶厂工作的那段时光，是一段极为艰难困苦的日子，也是一段刻骨铭心的岁月。百废待兴，我们大家以厂为家，没日没夜。决定恢复生产，召开职工大会，全厂职工没有一个说不。大家齐心协力，一边筹集资金，一边组织原料、检修设备。为了收购原料，我们半夜还在洪雅的山间穿行，大雨如注，道路崎岖，没有人退缩。为了早日启动生产，检修机器设备的同志们经常挑灯夜战，没人喊累。茶厂职工组织纪律性很强，对工作认真负责，兢兢业业，没到上班时间，大家便早早到岗到位，下班铃声响过，还迟迟不愿离去。那时的工人压根没有自己是打工仔的想法，相反，他们个个都深信自己是工厂的主人，工厂就是自己的家，厂里的事就是自家的事。他们也没有老板这一概念，哪怕是书记、厂长，他们认为你就是他们之中的一员。他们都很敬业，工作上只要把任务、要求一说，用不着唠叨，就会全力以赴去完成，哪怕加班加点，搞到深夜，也任劳任怨。我在茶厂工作期间，从工人到厂领导，没人领过一分钱加班费。

除了白天在厂里上班，晚上只要工人加班，我都尽量到厂里，陪他们一起加班。一来乘机学习了解茶叶生产工艺、流程；二来多熟悉职工，加深对他们的了解。也就是那段时间，我了解了边茶杀青、揉捻、发酵、春包、包装等主要工序，也对初制、刈梗、配仓、高架、编包等生产小组更加了解。与他们相处，我在紧张忙碌中感到精神饱满，生活充实。

每当工作告一段落，大家就还在家里或自掏腰包，买点花生米，打两斤酒，边吃边聊，虽说俭素，倒也其乐无穷，一天的疲劳消失得无影无踪。通过深入了解，我知道了工厂与机关的不同。工人们世代在厂里，接受的教育便是以厂为家，爱厂如家，甚至爱厂超过爱家。曾经发生一件事，使我深受教育，终生难忘。

1997年夏天，县城普降暴雨，桂花溪发大水，几十年不遇，到处一片汪洋。洪水来势凶猛，猝不及防，茶厂紧邻桂花溪，而且地势较低，茶叶一旦泡水，后果不堪设想。我见势不妙赶紧从家往厂里跑，连伞都来不及拿，一路跑一路想，库房车间肯定进水了，这是灭顶之灾，企业怎么办？职工怎么办？我心急如焚，深一脚浅一脚蹚水到厂里，眼前的一幕让我目瞪口呆！出乎意料，没有任何人组织，工人们竟然自觉挺身而出，冒雨组成人流，主动搬运沙袋，有条不紊地抗击洪水。队伍中不但有上班的职工，还有退休工人、家属、学生，就连调离厂子的同志也来了。再一看，厂里的原料也好，半成品、成品也好，全都安然无恙、完好如初，工人们见我落汤鸡一般，毫无责备，反而好言安慰。

1998年8月，县上调我到县供销社担任理事会主任、党总支书记。我不想去，可又不得不走。人离开茶厂，但担任天全茶厂代理厂长20个月的时光，成为我难以忘怀的美好记忆。

（采访：陈书谦、任敏； 编辑整理：杨中兴、任敏）

7. 藏茶涅槃天地宽

口述人：欧阳文亮，1984年生，四川渠县人。品牌策划、成都言茶方茶文化有限公司总经理。

结缘茶媒体

我是达州渠县人，2007年从四川师范大学化学专业本科毕业，心气较高的我选择了自主创业。结果没有意外，屡遭败绩后终于静下心来，想还是出去看看再说。2010年下半年，无奈和迷茫中的我决定先充一下电，选择进修商务英语。快结业的时候，接到好友邀约，前往广东东莞参与茶叶互联网推广。朋友对我说：一起来打造茶行业的阿里巴巴，你有冲劲，很适合。听到表扬，冲动的我带着美好的憧憬，来到了当时正在声名鹊起的"藏茶之都"——广东省东莞市，与我的茶行业启蒙导师袁孟军先生结缘，他是"茶搜搜"网络创始人。

在加盟"茶搜搜"网的两年中，袁总给了我很多挑战自我的机会，参加了很多学费昂贵的商业模式培训，教会我互联网思维以及提升资源整合的能力。

在从事茶媒体的这两年中，我亲历了安化黑茶刮起的"黑旋风"；接触了一些普洱制茶大师、收藏大鳄、操盘高手；见识了武夷岩茶高大上的营销手法。

在服务茶品牌的这两年中，我佩服福建茶商——有人说他们是茶界犹太人，他们的刻苦勤勉与团结互助；欣赏广东茶商的勇于创新与实力抱团；感受到了四川南漂茶人独孤求败式的奋斗与拼搏精神。

在芳村茶叶市场，我感到传承数千年的茶行业魅力无限，潜力十足。可惜的是，作为生于蜀土、长于蜀土的四川人，在那里却很难看到四川绿茶的曼妙英姿，也闻不到四川花茶的茉莉花香。好在还有传统四川边茶，雅安藏茶在这里仍有一席之地，有众多消费群体。一帮年轻的四川老乡在这里与茶为伍、以茶谋生。我结识了焱尧茶业的张继学大哥，义兴茶叶的郭涛老弟，以及经典藏茶的雷波老师等，他们在这里苦心经营雅安藏茶。一句四川话，几杯四川茶，格外亲近，他们既成了我的媒体业务客户，又成为我后来步入四川茶行业的领路人。

浸润茶行业

2013年，我第一次去云南，被大山里漫山遍野的普洱茶树震撼；2015年，我去了安化，当时那里还是交通不便、相对封闭的小县城，我被那里强大的黑茶规模折服；2016年，我到了潮州，被那里家家户户对凤凰单丛的推崇与追求吸引；2017年，我去了杭州，被那里浓厚的茶文化、茶科技倾倒……

在袁总的引导和帮助下，我走访了很多茶区，拜访了很多茶企，积累了一定的经验或者说策划技巧。于是，我从大学毕业后学非所用的门外汉，逐步成长为边学边用、倾智尽力的草根策划人。

在东莞市万江宋园茶庄总经理尤奕群的引荐下，我结识了一号柑普创始人黄建社，并开始合作，他是社德陈皮茶业的董事长，也是新会柑果茶第一批"吃螃蟹的人"。文化方面，我们绘制九大原生态工艺线描图，编辑了行业枕边书《柑普九章》；产品方面，我们创制了"一号陈香"；知识产权方面，黄建社是我见过的最"舍得"的人，因为他的公司就叫"社德陈皮茶业"。在广告语方面，我们纠结了很久：是"一柑一普和天下"还是"合天下"呢？最后选择了为天下人做一口好茶的"合"字。经过七年运营，社德茶业已成功晋升新会十大品牌。

就这样，因"一杯茶，一家人，一辈子"结缘深圳天之道茶文化有限公司；因"源于茶，不止于茶"结缘新会新柑宝茶业商行；因"为朋友，做好茶"结缘仙韵茶业……

2014年，我们一起南漂的川茶队伍，自由组合成了4个团队，分别创立了新的茶业公司，同雅安的藏茶生产企业合作，为藏茶出川、各族共饮做出努力。我们不约而同地回到四川、回到雅安，寻根问祖，运用多年积累的市场优势、渠道优势，联络传统产地生产优势，传承弘扬祖祖辈辈传下来的千年藏茶精髓，为藏茶再创辉煌贡献力量。

2015年，同执行力超强的四川雅安周公山茶业有限公司张荣蓉总经理合作，对雅安藏茶的挖掘、弘扬得到了进一步提升。对于"本山茶"茶园基地的建设，张荣蓉的超前领悟力超乎想象，本山茶基地的规划、选择，我们只用了一个多月，随后的规范打造持续了三年多时间。周公山茶业通过努力，为行业、为茶友奉献了一片最美、最具特色的传统茶山；张荣蓉还邀请著名雕塑家韩德雅先生，投入重金建起了藏茶品牌与茶马古道文化雕塑墙，成为雨城区藏茶文化一景；新型藏茶产品开发方面，周公山茶业相继推出了"芽细珍茗"五行系列精制藏茶、专利产品手筑"藏金福砖"和创新产品"桔藏"，以及家庭口粮茶"真言六金"等新型藏茶产品。

"蔡蒙旅平"——《尚书·禹贡》篇中记载的两座古老的文化名山、茶山仍旧隔江守望，继续展现在世人面前，一座是蒙顶山，世界上有文字记载人工种植茶叶最早的地方；一座是蔡山，又名周公山，国家级"非遗"传统藏茶优质原料"本山茶"的核心产地。这里，也成为各级电视媒体、各路茶旅游者、各地茶叶爱好者的最佳打卡地。

茶，渡人渡己。同周公山茶业公司的合作，让我度过了回川寻根初期的难关！

创制龙腾8730

茶行业是一个感恩的行业。2017年起，我与雅安市和龙茶厂开始了为期两年的企业转型、产品升级的深度合作。虽然我们都在中小企业队伍中，比较弱势，作为传统产区的四川茶人间的感情还是非常朴实、深厚、坦诚的，大家相互包容、理解、支持，共同解决品牌意识不强，商业规则不够，市场投入乏力等多方面阻碍企业发展的问题。

在研究和龙茶厂发展历程的基础上，我们选择30周年厂庆节点，展开"龙腾8730"纪念茶发布、建设南路边茶传统技艺研习所、开辟生态老川茶茶园并进行保护等工作。

回川创业以来，必须感恩的还有陈书谦老师，在与和龙品牌策划的过程中，他有求必应，给予了无私的支持，多次参与讨论、座谈、沟通。有了他的鼓励把关，我在研究、利用川茶历史文化方面得心应手；因为他的引荐，我结识了很多四川茶行业的精英；也因为他，我后来有幸参加了历史名茶"火番饼"的恢复研制。

2017年10月10日，和龙茶厂30周年厂庆暨"龙腾8730"产品发布会在距和龙茶厂不远的"中国雅鱼村"隆重举行，来自上海、广东、内蒙古、浙江、重庆、四川各地的藏茶经销商会聚一堂，分享和龙茶业从1987年建厂，历经三十年风雨洗礼，从传统藏茶加工的小厂成长为四川省级农业产业重点龙头企业的喜悦，"龙腾8730是公司30年厂庆之际，推出的限量版收藏级纪念茶砖。"我们从几个方面进行诠释：原料选择南路边茶核心区本山茶原料；制作工艺全部运用国家级"非遗"技艺；销售方面采用限量版收藏级。"龙腾8730"纪念茶砖一亮相，商家们赞不绝口，当场认购，销售一空。看到千年藏茶闪光重现，我感觉非常自豪。

研制恢复"火番饼"

火番饼源于前蜀毛文锡所著《茶谱》："临邛数邑，茶有火前、火后、嫩绿、黄芽号。又有火番饼，每饼重四十两，入西蕃、党项，重之。如中国名山者，其味甘苦。"

毛文锡为啥对"火番饼"情有独钟？记载如此详细？怎么才能揭开千年古茶之谜？让当今的爱茶人能够一饱眼福呢？

我们和陈书谦老师一起，对"火番饼"的原始文献做了深度的研究分析和梳理。

"临邛数邑"是指哪里呢？"临"指临邛郡，辖今邛崃、临邛镇、蒲江、鹤山镇西崃山等地。邛，指邛州，西魏废帝二年（553）置，隋大业三年（607）改邛州为临邛郡。治所在严道（今雅安西），辖境相当今雅安、芦山、名山、邛崃、汉源、荥经等县。唐武德元年（618）改置雅州。五代时期，邛州为前蜀、后唐和后蜀统治。"数邑"指邛州、临邛等数个县邑。

"火番饼"是什么意思？茶文化是我国传统文化的重要组成部分，传统名茶以新为贵，清明节前的春茶就是进贡皇室、馈赠亲友的珍品，一般称"明前茶"或"火前茶"。"明前茶"耳熟能详，什么是"火前茶"呢？我国古代在清明前一天还有一个禁火节，又称寒食节，相传是晋文公为纪念名臣介子推，下令全国禁火一天而设。禁火节前、后采摘鲜叶加工而成的茶，称为火前茶或火后茶，就是现在说的清明前后的茶，品质很好，茶叶行业一直用火前茶、火后茶来衡量茶的产新时间，并沿袭至今；"番"指销售地区，西番即西羌；"重之"，即非常重要；"饼"指外形特征，《广雅》亦云：荆巴间采叶作饼。

依照上述记载，我们精选蔡山（现名周公山）的"本山茶"上等原料，由南路边茶国家级"非遗"代表性传承人亲自主持加工，力求体现"其味甘苦"之神韵，制成匠心传承之精品！

"饼"的外形设计为：盖碗＋方孔。借天圆地方之古老智慧，引天地人和之传统哲学，崇外圆内方之处世之道。盖碗之形，源于"建中蜀相崔宁之女，以茶杯无衬，病其熨指，取碟子承之，既啜而杯倾，乃以蜡环碟中央，其杯遂定……"，四川盖碗茶久负盛名；饼中心的方孔，按照"采之、蒸之、捣之、焙之、穿之、封之、茶之干矣"的意思，以便保存、取用。饼重641克，是依唐制重量，40两为今640克，加1克为641克，喻纪念文成公主入藏641年，暗示藏茶辉煌之始。

于是，恢复研制的历史名茶"火番饼"，在首届中国·雅安藏茶文化旅游节、"中国藏茶·健康中国"高峰论坛上隆重推出，来自北京、西藏、广东、云南、湖北、安徽、贵州、广西、陕西等十多个省市自治区的专家学者、茶文化人士、产销企业负责人和四川省内外媒体见证了久闻其名、不见其貌的历史名茶"火番饼"回归市场。发布会现场，我们向蒙顶山世界茶文化博物馆、广东省东莞市乐人谷茶文化博物馆分别做了捐赠，"火番饼"成为博物馆的馆藏珍品。

研制恢复"火番饼"给我们的最大启示，是四川边茶历史上并非"粗老枝叶"，原料考究，制作精细，所以长销不衰。元代以后，边茶产量下降，原料才有所改变。当今产销日盛，唯有提高产品品质，融入健康理念，才能得到消费者青睐。

传承"民族团结"

在挖掘、研究四川黑茶的发展过程中，不难发现四川黑茶的历史也是一部中华各民族的团结史。历史上的四川边茶分为南路边茶与西路边茶，南路边茶指雅安为中心生产的传统藏茶；西路边茶指灌县为中心生产的茯砖茶、方包茶。

1950年10月14日，《人民日报》刊登毛主席题字："中华人民共和国各民族团结起来！"于是"民族团结"茶品牌应运而生。1952年开始，以"民族团结"商标在北川生产茯砖茶，1961年开始在四川省外贸茶叶公司的统一领导下，全省各地生产的边销茶均使用"民族团结"商标，一直延续到1994年省市县各级企业大范围改制。

在那段激情燃烧的岁月里，您能看到国营雅安茶厂生产的"民族团结"康砖、金尖；国营荥经茶厂生产的"民族团结"康砖；国营天全茶厂生产的

"民族团结"金尖；国营筠连茶厂生产的"民族团结"康砖；国营灌县茶厂生产的"民族团结"茯砖以及"火车头""手拉手""白票"；国营北川茶厂、平武茶厂生产的"民族团结"茯砖"红印"；国营邛崃茶厂生产的"民族团结"茯砖"扇形"；还有重庆西山、云南盐津生产的"民族团结"康砖……在计划经济时期，您能体会到四川边茶是货真价实的民族团结之茶！

墙内开花墙外香。今天我们仍能看到，东莞天得茶业收藏有近千吨"民族团结"陈年藏茶；乐人谷茶业收藏有五百余吨"民族团结"陈年藏茶；深圳收藏客收藏有百吨以上"民族团结"陈年藏茶；杭州收藏客收藏有百吨左右"民族团结"陈年藏茶……同时，我也感受到，对于陈年藏茶，业内有不同看法，甚至排斥。大家都知道藏茶越陈越好，也应该清楚陈年并非绝对而是相对而言。十多年来，雅安藏茶取得一定发展，与湖南黑茶、湖北青砖、陕西茯茶和广西六堡茶的发展还有差距，但雅安藏茶企业仍然在发展，蒲江、邛崃、都江堰、平武、北川的企业也在坚守……

川茶的同行们带着情怀、怀着憧憬努力前行。民族团结茶业公司重生了，我们共同努力成为四川边茶传承与发展的践行者，擦亮"民族团结"金字招牌，是我们未来几年的追求、目标和方向。我们希望看到民族团结主题茶文化馆，喝到民族团结茯砖、康砖，感受到四川民族团结茶业的担当和情怀。

藏茶工匠传承

2020年下半年，我又与从达州去广东，又寻根来到雅安的雅雨茶业总经理王彪结缘。

经过前期周密的策划联络，2020年12月6日，我们在荥经县兰家山荥经茶厂博物馆荣幸地邀请到原国营荥经茶厂的部分老领导、老工人和至亲好友，参加"荥经茶厂老茶人收徒仪式"。按照藏茶行业脚踏实地、务实奉献的优良传统和疫情防控的要求，收徒仪式尽量缩小规模，仅按照传统邀请行业知名人士和至亲好友四十多人参加。陈书谦老师应邀出席并担任收徒见证人，有"藏茶界金笔杆子"之称的广东奕鸣老师主持收徒仪式。

俗话说"精诚所至，金石为开"。收徒仪式的主角是31岁就担任国营荥经茶厂厂长的资深茶人、老厂长杨师傅，和31岁已在传统藏茶行业打拼10年的王彪总经理。杨厂长经过较长时间的考察交流，为王彪虚心求教、坦诚务实所感动，愿意把他收入门下，传授荥经藏茶传统制作技艺，弘扬荥经藏茶文化，发扬光大荥经茶产业，造福一方百姓。

这对师徒因藏茶结缘，传承工匠精神、延续藏茶辉煌是师徒两人的共同心愿。

收徒仪式依照传统议程进行：徒弟王彪依次分别向师父、见证人献茶；向师父"三叩首"行跪拜礼，诵读拜师帖。师父授以师训，嘱爱徒刻苦学习、务实钻研、弘扬师道、发展茶业、造福百姓。

见证人进行简短评价后，弟子向师父献上六礼束脩，表达尊敬和感恩之情；师父向徒弟赠送了珍藏的藏茶史料。收徒仪式体现了我国传统的工匠精神，和传承文化的特征。

2021年1月1日，在荥经茶厂建厂纪念日，举国欢庆元旦佳节之际，我们又和雅雨茶业年轻的团队一道打造了一场别开生面的"荥经茶厂复业志庆"系列活动。从限量版建厂70周年纪念砖，到"荣耀康砖"老茶集合版；从集仓集存的"荥茶方"首创面市，到"荥经茶厂博物馆"正式揭牌；从专家论道"康藏茶"，到团队创业"雅雨润"；再从"古老藏茶"样书赠送，到"馆藏一号"臻品发行……古老而又年轻的藏茶产业正在冉冉上升。

1月12日，又一场"荥经茶厂老茶人收徒仪式"在荥经茶厂博物馆内隆重举行。本次主角是另一位资深茶人，也是国营荥经茶厂原厂长高绍忠，和29岁的雅雨茶业副总经理刘川，他是王彪的弟弟。兄弟二人志同道合，南下广东共同打拼，又来到雅安联合创业，兄弟情义让人感动。

仪式现场依然热情洋溢，浓郁的茶香，藏茶的氛围，荥经茶厂的故事，祥和之气油然而生。一行嘉宾和高绍忠入座后，爱徒刘川上前依序顺利完成了各项仪式。当天的仪式得到现场来宾的充分肯定，应邀参加的社会学博士孙博文感受尤深，随后写下了"仪式的现代表达——荥经茶厂拜师仪式"的博士论文，发表后受到好评。

寻根溯源求发展

通过多年来茶行业的浸润，各种渠道收集的四川茶史、茶文化资料陆陆续续地学以致用，使我对中国黑茶家族中历史文化底蕴最为厚重，以"雅安藏茶"为代表的四川边茶有了更加深刻的理解和认识。唐代"蜀土茶称圣"，前蜀"蒙顶研膏茶，作片进之，亦作紫笋。"明太祖朱元璋"诏天全六番司民，免其徭役，专令蒸乌茶易马"……令我感受至深。兴之所至，我和董事长欧平国把我们的公司品牌定位为"巴蜀乌金"，我们合作创立了专事藏茶营销的四川巴蜀乌金茶业有限公司，相继注册了"芽细乌金""臻藏乌金"等商标。

十年来，我们一直致力于健康藏茶的文化传播——从核心原料选取到传统技艺精制；从紧压茶传承到紧压茶创新；从创新精品藏茶的生产到年份老茶（陈年康砖、金尖、茯砖）的收藏；从专题茶事活动的开展到专业茶博会的推广，足迹遍布全国20多个省份。巴蜀乌金茶业首推的"微茶健康生活体验馆"推广计划以来，因模式新颖，运营便捷，投资轻便，易于复制，在市场上得到了合作伙伴的一致好评。成都龙和国际茶城"雅安藏茶"销售窗口开业，在精制川茶队伍中占有一席之地。近年来，公司分别在成都、广州、上海、深圳、武汉等城市和河北、江苏、浙江、辽宁、吉林等省先后建立了合作渠道，四川茶业大有可为。

我们但求"不愧先，不悔后"，因为，我们在路上，不忘初心，砥砺前行！

（采访：陈书谦、王自琴；编辑整理：欧阳文亮、郭磊）

国家级非物质文化遗产
黑茶制作技艺·南路边茶制作技艺

中华人民共和国国务院公布
中华人民共和国文化部颁发
2008年6月

第二部分

国家级
"非遗"保护与传承

8. "非遗"十年话藏茶

口述人：陈书谦，1953年1月生，四川汉源人。原雅安市供销社副主任、调研员，雅安市茶业协会、雅安藏茶协会副会长兼秘书长；先后兼任中国国际茶文化研究会常务理事，西南茶文化研究中心副主任兼秘书长，中国茶叶流通协会名茶专委会、团体标准工作委、黄茶专委会副主任，四川省茶叶流通协会秘书长等职。

早在2008年11月，西南民族大学杨嘉铭教授亲自带领《南路边茶制作工艺及汉藏文化认同研究口述史》项目组一行11人来雅安的当天，我们就项目组的住宿、行程以及采访事项等具体事宜进行详细对接、安排以后，下午就按计划进行分组访谈。当晚，嘉铭先生和汪姣同学一起和我聊起了有关藏茶"非遗"的话题。当时的情景历历在目，转眼间杨先生已辞世先行，深感悲恸。今再续口述史，谨以此告慰和缅怀先生的在天之灵。

当年我是雅安市供销社副主任，负责协会工作。雅安市茶业协会、雅安藏茶协会是两块牌子一套人马，从发起成立以来我一直担任副会长兼秘书长。那年雅安有大灾难也有大喜讯，3月底承办全国茶馆馆主年会暨第四届蒙顶山国际茶文化旅游节不久，就遭遇"5·12"汶川地震，雅安成为六大重灾区之一，全民紧急动员，奋起抗震救灾。6月7日，传来茶行业第一个重大喜讯：国务院发布第二批中国非物质文化遗产名录，我负责牵头申报的"南路边茶制作技艺"名列其中，这是大灾大难后对雅安茶行业的极大鼓舞。2013年，雅安不幸又遭遇"4·20"芦山地震，我们继续一边抗震救灾，一边产业重建，雅安藏茶从传统边销到全民共饮，产量快速提升，产品跨越式增长，值得回顾和总结。好些事已在《蒙顶山茶文化口述史》中讲过，这里拾遗补阙，说点与藏茶有关的事。

老家记忆

我老家在汉源县宜东镇，这里历史上曾置坭头县、飞越县，因坐落在川藏茶马古道雅安到康定的中间，曾经形成古道上最大最重要的驿站。当年运茶盛极一时，后来川藏公路通车，宜东成了边远山区，成为"因茶而盛，因茶而衰"的地方。

宜东的街道全用青石板铺成，一排长方形的石板纵向蜿蜒街道中间，两边的石板横向与大石条镶嵌而成的街沿相连，石条街沿与错落有致的木瓦房檐上下对应。下雨天，牵索不断的雨水顺着房檐滴滴答答落在街沿的石条上，溅起的水花此起彼伏，很是好看。平时，小伙伴们会顺着街道跳绳、对着街沿打三角板（旧烟盒折叠的），常常乐此不疲。

后街有张家、罗家、曾家、陈家等好几个大院子，另有土墙筑成的碉楼、禹王宫、五省庙、接官亭等旧式建筑，可以依稀看出当年的繁华与辉煌。可惜时代变迁，宜东偏居一隅，变成了边远、贫困、经济发展滞后的山区小镇。

小学毕业，无缘被推荐上初中，只能到已开学一年的宜东农业中学插班就读。好景不长，学校停课，又到康定乡下的文献街、大河沟、日地、瓦斯沟一带学木工。三年时光十多次往返于宜东到康定乡下的崎岖山路，看沿途的高山激流、废弃的木桥连廊，飘摇的青瓦木屋，师傅说这是当年背夫住宿的幺店子，还有山道铺路石上清晰可见的拐子窝，至今历历在目。

2018年5月10日，应邀到康定参加"东西部文化交流'茶马古道'文化历史研讨会"，其间有缘看到汉源县九襄文化站88岁高龄曹启东老先生的《漫话茶马古道》连环画稿，幅幅似曾相识，联想油然而生，情不自禁配起文来。其中（52页）的"罗家院子与曾家碉楼"，就是我外婆的家，小时候经常在这里玩耍。院子门楼俗称龙门子，还有正房、隔壁的碉楼等老屋至今还在，可惜院坝右上角曾经打水、看鱼的水井已被填为平地，外婆家中也物是人非，只有表弟固守老宅了。

这些乡愁，连接起了我和茶马古道、藏茶文化难以割舍的情缘。

研习传播

如果说参与承办2004国际茶文化"一会一节"是组织安排、领导要求的话，以后多年的茶事活动就属个人爱好、自愿而为了。因为当时供销社下属企业改制基本结束，市、县联社机关有机构、有编制、有人员，但没有被纳入财政预算，属自收自支的参公单位。虽说资产收入可以维持运行，但要想做事还是需要争取支持的。

2005年8月，雅安承办第三届四川旅游发展大会期间，我们借势牵头举办了"首届川藏茶马古道高峰论坛"，邀请来自北京、重庆、成都、康定、泸定以及日本的60多位茶马古道专家，专题研讨川藏茶马古道。西南大学刘勤晋教授"川藏茶路万里行"，四川农大齐桂年教授"川藏茶马古道上的背夫、锅庄及寺庙茶文化"，日本棚桥篁峰会长"川藏茶马古道考察记录"，甘孜藏族自治州郭昌平先生"缝茶业——茶马古道上康定独有的行业"等论文再现茶马古道的悠久历史。收集、整理、编辑出版论文集，成为研习历史、积累资料的过程，受益匪浅。

结集出版《雅安藏茶的传承与发展》，是三年前承办"南路边茶（藏茶）传承与发展高峰论坛"的结晶。2007年3月28日，雅安承办中国国际茶文化研究会学术委员会第二次会议期间，我们提前策划了这个论坛，高起点地把南路边茶与藏茶联系起来推向学术研究领域。在雅安图书馆学术报告厅，中国国际茶文化研究会副会长、学术委员会主任程启坤和雅安市原副市长、雅安市茶业协会会长孙前共同主持论坛，研究会常务副会长宋少祥，雅安市副市长毛凯等领导和省内外专家学者近百人参加会议。刘勤晋教授"试论南路边茶的改革与创新"，任新建先生"南路边茶与藏族茶文化"，曹宏先生等"'冷沈万历合约'对研究边茶贸易史的启示"，杨嘉铭教授"历史·记忆——南路边茶琐谈"，王旭烽教授"马上喝藏茶"，杜晓教授"雅安藏茶对氧自由基清除能力的评价"，龙泽荣教授"藏茶营养学与亚健康的关系"……专家学者们做了许多精彩演讲，我也分享了"中国黑茶的典型代表——雅安藏茶"专题。后来我补充采写8家代表性茶企的事迹，编辑了集藏茶文化、藏茶科技、企业文化为一体的论文集，荣获雅安市第十三次哲学社科二等奖。

那几年我年年参加国内外茶事活动，得益于蒙顶山茶文化乃至巴蜀茶文化悠久的历史和深厚的底蕴，时有心得体会在论坛、杂志、报纸上分享。2009年4月，中国国际茶文化研究会第四次会员代表大会在浙江诸暨举行，我被选为常务理事和第二届学术委员会委员。

"非遗"殊荣

"南路边茶制作技艺"被列入第二批国家级非物质文化遗产名录，和产区受评"国家级非物质文化遗产生产性保护示范基地"的殊荣，是四川茶行业的两块金字招牌。一地同时拥有两张"名片"，国内也极为少见。

我国是2005年开始"非遗"普查和申报的，当时大家对"非遗"还很陌生。可能是缘分，我偶然从网上看到第一批国家级"非遗"有"武夷岩茶（大红袍）制作技艺"，顿时萌发了申报雅安茶叶制作技艺的念头。很快机遇来了，2006年9月16日，雅安市文化局举办非物质文化遗产工作培训会，邀请专家来雅安讲授，我立即自愿报名，成为唯一的茶行业学员。

"非遗"项目怎么报？报什么？谁来报？成为培训期间与四川省文化厅科教处郭桂玲处长、雅安市文化局李蓉副局长探讨、交流最多的话题，目标是国家级，但申报需要从市到省，逐级准备。

雅安传统名茶很多，黄芽、石花、甘露、毛峰、康砖、金尖……制作技艺各有千秋。经过认真分析，确定选择加工历史悠久、比较优势明显的藏茶制作技艺申报。

中国藏茶文化口述史

名称二选一，"雅安藏茶"或"南路边茶"。申报书"历史渊源"需要引经据典，需要文史资料。雅安藏茶为国成名，意义重大，美中不足是名称出现较晚，文史资料相对单薄；南路边茶自清以来，地方志、文史资料、茶学教材记述较多，"非遗"专家耳熟能详，传承千年以上，谱系清楚明确。仔细研究了"可批性"，为确保成功，我们决定申报"南路边茶制作技艺"。

谁作申报单位（人）？按照规定："公民、企事业单位、社会组织等可根据逐级申报的原则，向相关非物质文化遗产保护中心提出申报。"当时市县（区）都没有成立"非遗"保护中心。有人认为应由企业申报，便于保护。但当时雅安的实际情况是"南路边茶"生产企业10家，分布在雨城、名山、荥经3个区县。企业分散、竞争性大、耗时长、水平不一。我提议由市茶业协会统一申报，联络市文化局分管领导一起向省上专家汇报，多次沟通交流终获同意，但明确要求企业自愿、书面委托、备案在册。

企业积极性很高，提交委托书、填写传承人谱系，配合非常默契。热心茶人李国林、杨绍淮、李红兵、董存荣等老师、朋友无私帮助，写材料、拍摄视频、照片，当年顺利进入雅安市首批"非遗"名录。

2007年3月1日，"南路边茶制作技艺"进入第一批四川省非物质文化遗产名录（川府函〔2007〕42号）。巧逢评审专家从成都来电：材料扎实，一致认可推荐上报国家级"非遗"。

2008年6月7日，雅安市茶业协会和9家委托企业一起，成为国家级"非遗"保护单位。其后先后有1人成为国家级代表性传承人，4人成为省级代表性传承人、4人成为市级代表性传承人。

2011年文化部公布"国家级非物质文化遗产生产性保护示范基地"，雅安市友谊茶叶公司名列其中。获得两项殊荣，雅安市文化局高度重视，抓住契机，谋划产业发展。委托四川农大杜晓教授团队制定《南路边茶（藏茶）国家级非物质文化遗产生产性保护总体规划》。2012年4月17日，省文化厅组织省社科院、四川大学、西南民大、四川农大及省"非遗"中心专家组成评委会，在成都进行了《规划》评审，一致认为《规划》层次分明，条理清楚，逻辑性强，内涵丰富，对藏茶产业具有纲领性指导意义，一致通过评审并建议报当地政府发布实施。

弘扬发展

弘扬"非遗"、发展产业，关键在高水平策划、强有力推动。当年同时获批国家级"非遗"的茯砖茶、千两茶，已成功打造安化黑茶品牌而迅速崛起就是例证。

"藏茶"二字最早见于1907年《四川官报》第九册第一页刊登的专件《四川商办藏茶公司筹办处章程》。章程开宗明义："本处系奉盐茶劝业道宪札饬详奉督宪批准，专为组织公司振兴茶务，保护利权而设。"办公地点在"雅州府城内，暂借雅安茶务公所为处所。""本处奉委筹办茶业公司，为保全全川藏茶权利，关系甚大。"雅安藏茶为国成名，意义非同一般。

"雅安藏茶"和"南路边茶"同宗同源，一脉相承，只是在不同的历史时期使用的名称不同而已。前蜀毛文锡《茶谱》称"火番饼"；《元史》《饮膳正要》称"西番茶""西番大叶茶"；《明史·茶法》称"乌茶"；清代称南路边茶；清末有了"藏茶"之名。

藏茶是中国黑茶的典型代表，雅安是中国黑茶的发源地。各种版本的高校茶学教材都说"我国黑茶始制于四川，据《甘肃通志》记载，明嘉靖三年（1524），湖南安化就仿四川的'乌茶'制法并加以改进，制成半发酵黑茶"；明《洪武实录》记载洪武年间四川有百万斤茶叶换马，仅碉门（天全）就占全川总量的一半。

当年的"商办藏茶公司"像一颗闪烁的明星，为百年后雅安藏茶的崛起留下一道深深的印记。

也许是巧合，也许是周期，雅安藏茶注定焕发生机。1907年成名，2007年雅安藏茶协会成立，2017年中国藏茶文化研究中心、四川省藏茶产业工程技术研究中心先后挂牌，雅安藏茶文化展示馆建成开放，还有此前成立的吉祥、朗赛藏茶专家大院和大兴藏茶研究所，构成了藏茶文化、藏茶科技、藏茶产业快速发展靓丽的风景线。

2017年，藏茶产业发展的一波亮点源于"4·20"芦山地震灾后重建，雨城区多营镇的中国藏茶村规划建设。这里有藏茶文化展示馆、西康藏茶集团、藏茶主题餐饮及住宿区等项目，可以品读藏茶文化、重温西康往事。

有幸参与其中是从藏茶文化展示馆开始的。2015年6月前后，负责藏茶文化展示馆项目的雨城区文化局倪局长联系我，说藏茶展示馆设计方案定了，但茶史内容、古道路线、文字梳理等需要帮助。苟区长也亲自打来电话，叮嘱务必帮忙协助，2016年7月要开馆迎宾。匆匆上阵，完善展厅方案、填空展板文字、梳理古道路线……11月15日，布展公司上报："藏茶文化展示厅影片解说词等内容，经陈书谦起草，区领导及倪洪伟同志修改现上报，请领导批准使用。"2016年7月18日，雨城区召开"4·20"芦山地震灾后恢复重建三周年新闻发布会，藏茶文化展示馆试行开放。

组建"藏茶工程技术研究中心"也是当年的重点工作之一。产业重建需要科技平台支撑，川茶工程技术研究院早已落户宜宾，市区科技部门联手争取省厅支持，批准组建四川省藏茶产业工程技术研究中心，依托四川雅安西康藏茶集团有限责任公司，由四川农大、省茶检中心、蒙顶山茶研究院和藏茶企业联合、共建共享。我应邀负责藏茶文化与品牌研究所工作，在杜晓教授、何春雷教授的帮助下，于2016年6月顺利完成"中心申报材料"相关部分的编制任务。

同时，中国藏茶文化研究中心在四川农业大学人文学院文化管理系主任窦存芳发起下成立，从人类学、社会学角度研究挖掘藏茶文化，拓宽藏茶研究领域，为藏茶产业注入新活力，自然应当全力支持，积极参与。

2017年6月24日，四川省藏茶产业工程技术研究中心授牌、中国藏茶文化研究中心成立暨首届中国藏茶文化发展论坛在中国藏茶村隆重举行。来自国家民委、中国社科院、四川省社科院、中央民族大学、四川大学、西南民大、云南省社科院、中山大学、四川农大等高校和科研机构的50多位我国知名藏学家、人类学家、茶文化专家欢聚一堂，交流分享研究成果。之后编辑出版的《茶马古道与藏茶文化探源》论文集成为高质量的藏茶文化学术成果。

为统一打造"蒙顶山茶""雅安藏茶"区域公用品牌，市里一度规划上半年名山区牵头举办蒙顶山茶文化旅游节，下半年雨城区牵头举办雅安藏茶文化旅游节。2019年11月10日，首届中国·雅安藏茶文化旅游节新闻发布会在成都太古里举行，我有幸作为行业组织代表进行了新闻发布。

11月28日，中国·雅安藏茶文化旅游节开幕式在新落成的中国藏茶城茶祖广场隆重举行。中央统战部斯塔同志、四川省政协祝春秀副主席、国务院侨办原副主任赵阳等领导和来自北京、上海、云南、西藏等地的500多名嘉宾会聚一起，共谋藏茶产业发展策略。其间参与成立中国藏茶联盟、承办"中国藏茶·健康中国"高峰论坛等相关活动的筹备承办工作。

火番饼风波

"中国藏茶·健康中国"高峰论坛期间，我们举行了"历史名茶——火番饼恢复创制说明"分享活动，广泛宣传的同时分别向蒙顶山世界茶文化博物馆、东莞市乐人谷茶文化博物馆捐赠了火番饼藏品。产品早已进入市场销售，为何还要大张旗鼓地宣传呢？都因火番饼商标风波而起，这里说明原委，以资借鉴。

先从商标注册说起。2011年7月，我们提交了"火番饼"商标注册申请，2012年9月注册成功，有效期至2022年9月7日。2019年6月13日，国家商标局收到邛崃某企业"撤销连续三年停止使用注册商标申请"；8月3日要我们"提供证明通知发文"；8月8日"受理通知书发文"；2020年1月10日"继续有效通知发文"；2021年10月19日"商标续展核准通知打印发送"。其间还有2019年5月"文君火番饼"申请注册，2021年5月"宣告无效"；2019年6月邛崃市新农开发建设有限公司"火番饼"申请注册，11月12日被"驳回申请"；2020年3月"金川火番饼"申请注册，2021年11月裁定"不予注册"；

当然还有2019年6月邛崃市新农开发建设有限公司申请的"丝路首城火番饼"等商标至今悬而未决……

不难看出，这场风波来自邛崃。据说起因于2019年4月中国农业科学院茶叶研究所专家在邛崃论坛演讲认为，邛崃黑茶无须照搬安化黑茶，而应在差异化上做文章，"邛崃黑茶"品牌不如历史上的"火番饼"——一个极具"网红"潜力的名字。邛崃黑茶分管领导听后如获至宝，立即安排打造火番饼品牌。

不久后的一天，我到成都的四川省茶叶研究所交流茶事，王云所长接到电话，是联系帮忙协调转让火番饼商标的事。王所长让我接电话，我听到了邛崃领导的声音，为其勤政务实的精神感动，立即表示可以商量解决。很快，常委亲自带队来到了雅安，随后又安排国资平台公司来雅安继续协商商标转让事宜，鉴于商标注册的历史原因，四川农大杜教授和我们一起草拟提交了联合研发火番饼历史名茶的具体方案。

遗憾的是，正在我们等待邛崃研究回复的过程中，突然收到国家商标局关于"撤销连续三年停止使用注册商标的申请"，要求限期"提供证明"的通知。我们被迫应对，组织收集资料、拍照片、翻凭证、提供使用证明。同时还要应对接踵而来的各种恶意注册，耗费了大量人力、物力、财力和精力。

说实话，我为邛崃领导对此事的重视和务实作用叫好，同时也为其品牌建设的视野和格局遗憾。如果当初我们联合开发历史名茶的方案得以批复实施，那么就像今天广西苍梧县六堡镇的"六堡茶"、云南普洱府的"普洱茶"、湖南安化县的"安化黑茶"，今天的"火番饼"已经不仅是雅安的"火番饼"，也不仅是邛崃的"火番饼"，而是四川的"火番饼"、中国的"火番饼"了。当然，这种假设仅仅是"如果"而已。

（采访：汪姣、王自琴，编辑整理：王雯、罗燕）

9. 扛起藏茶大旗，弘扬老牌茶号

口述人：李朝贵，1956年7月生，四川雅安人。国家级非物质文化遗产"南路边茶（藏茶）制作技艺"四川省代表性传承人，雅安茶厂股份有限公司董事长。与人合著《藏茶》一书于2007年公开出版发行。

从房地产到茶行业

1998年，我从海外归来，先是在安徽进入了房地产行业，在那边做得还不错，风生水起的。2000年，雅安撤地设市，招商引资的力度比较大。记得当时市上一位分管的领导找到我说："我陪您看看家乡的一个地方，那里没有蚊子。您见过没有蚊子的工厂吗？"我心想没有蚊子的工厂，这怎么可能？我们做房地产都知道，没有蚊子的房子每平方米的价格都会贵一百元，还绝对有人买。结果我们去看的是雅安老城西门的雅安茶厂。

一进茶厂，我被眼前的景象惊呆了。车间里的工人就像黑人，满脸是灰，只剩下眼珠是白的。尤其是女工，背着1米多高的背篼，里面装满了茶，从后面看过去基本上看不到人，只能看到茶背篼在移动，下面的脚在移动。我心里很不是滋味，茶厂工人真的很苦。想不到家乡还有这样的景象，让我感觉很是伤感。我觉得有责任回到家乡来改变这种现状，就表达了投资改造这个茶厂的想法。

不久，市领导带着20多人到我成都的家去考察，还去安徽芜湖看了我的房地产开发项目。两个月考察结束后，开始进入投资转让程序和财务审计工作。2000年大约3、4月份，开始和市体改委协商洽谈投资的具体事宜。

当时的雅安茶厂欠银行贷款977多万元，欠社保款700多万元，还有一些其他欠款。全厂400多人，厂领导班子有厂长、副厂长、工会主席、武装部长等9个厂级干部，行政管理人员78人，办公室、会议室、检验室占了整整一栋楼……

工人月工资600元左右，改制后每人每月增加了100元，办完交接手续的当天，我把钱打到银行给工人们兑现，记得当时办的存折本就装了几个麻袋。

扛起藏茶大旗

我是2000年5月31号全面接手雅安茶厂的。签订合同的时候，行署分管领导非要我加一句"高举起生产边销茶的旗帜"。因为这句话，后来领导还带我们专门去了一趟西藏，去说明雅安茶厂改制的情况。

7月份，领导带队，我们10多人到了拉萨，住在金谷饭店，开始没有人接待。领导出面沟通以后，通知下午3点在金谷饭店开会。到场一看，西藏自治区主席、副主席，拉萨市市长、副市长，还有很多厅的领导，来了30多人。见面就说："一开始听说您是做房地产的，投资雅安茶厂就不生产茶了。听专员介绍才知道您会继续生产藏茶……"误会解除以后，我们一行受到了热情接待，成了西藏的贵宾。自治区贸易厅领导全程陪同，开讨论会、考察茶叶市场，把80%的市场介绍给了雅安茶厂。

在拉萨，我们所到之处都深刻感受到藏族同胞对藏茶滚烫真挚的情感，无时无刻不在通过对我们的热忱表现出来。十多天的时间很快过去，离开那天在宾馆结账，还出了一个"插曲"，更让我感动。那时候西藏的饭店不能刷卡，我们在饭店交了5万元押金。去结账的人回来说："董事长，结不了账，钱也没有退到。"问了三次都这样。我正在纳闷的时候，自治区领导来了，递给我一个哈达裹好的包，里面包着5万元押金，对我说："不用您结账，结账就是结束，就断交了，不接受我们就不献哈达。"我听了更加感动，他们不是为了钱，这是茶叶连起来的兄弟情义。使我真正感受到藏茶不是一般的茶，是与众不同的茶，是值得我继续做好、发扬光大的茶。

第二年我们再去西藏，区政府到机场飞机旋梯边接我们，政府来了车、政协也来了车，住政府安排的宾馆。我们去扎什伦布寺，几十个人一起，大活佛亲自迎接，使我非常感动。

我和藏族同胞非亲非故，他们为什么对我这么好？就因为我是雅安茶厂的人，因为雅安茶厂要继续做茶，要继续高举边销茶的旗帜。

他们的热情感动了我，所以我下决心要继续做茶，要做好茶！回到雅安后，我安排了两件事：一是在厂里只能喝藏茶，不许喝其他的茶，不许喝白开水和饮料。二是用了一个星期时间，把其他小厂的茶梗收购了80多万斤，原因是有的小厂加茶梗太多，影响质量。当时茶梗一角五一斤，我花两角五收购，后来把茶梗用来烧锅炉了。

进入藏茶行业以来，我一直得到藏族同胞最大的礼遇。

有一次到阿坝，给一座寺庙周围的孤寡老人送茶，一个村庄的人都来给我们做饭。十分用心，精选食材，洋芋（土豆）都选一样大小的。我被请来坐在台上，活佛就坐在我的旁边。这餐饭吃得终生难忘，其实不仅仅是吃饭，更多的是汉藏情谊的传递。

2005年，雅安茶厂整体搬迁到大兴农业园区内的新厂，一位西藏的活佛来给新厂"埋宝瓶"念经。我们说用铁锹挖土，活佛要亲自用手挖，指甲都挖出血，用手挖"窖土"，然后念经一直念到下午四点半。

2008年"5·12"汶川地震，十位活佛大包小包提了很多旅行袋来到茶界，袋子里面装满了米、面、油、水果、糕点，为我们厂做"火供"。火供也就是做供养，将各式各样的物品放入火中，将它们燃尽，藏传佛教认为，遭遇地震、风、火、水灾等（天灾）和战争（人祸）时，"火供"能熄灾消难。2013年"4·20"芦山地震，活佛又来为我们做火供，同上次一样，也是从下午两点做到晚上八点，情深意切。

2010年，我们曾经邀请深圳大学研究藏文化的71岁的吕勇教授，来雅安帮我们做雅安藏茶的田野调查。他用了3个多月时间，做了4本笔记，笔记上记载他108次流泪，就为了雅安藏茶的历史、茶马古道、背夫、茶农和一批又一批的老茶人。

诚信为本，传承汉藏友谊

2013年，我参加了亚洲博鳌论坛举办的"中小企业发展论坛"，论坛的主题是"坚守、创新与超越:中小企业的现状与未来发展"，作为反方代表，我认为中小企业不应该依赖贷款，中小企业融资难是相对的，诚信才是重要的。论坛分享了一个案例:2000年5月收购雅安茶厂，9月份西藏昌都的经销商扎西多嘉就专门过来找我们。他原来就是雅安茶厂的经销商，希望改制以后继续合作。我们交流得很好，他对我说希望价格再优惠一点。我和他初次合作，就说，"每条再便宜5角"，他欣然答应。后来原辅材料涨价，我们只需要打电话告知原因，他都能充分理解，让我们直接发茶。扎西多嘉从来没有和我们签订合同，但都是随时往我们账上打款几百万，配合非常默契。

最让我感动的，是2010年洪水把我们厂的成品库淹了，他听说后马上给我打电话:"听说你们被淹了，我给你打500万过来，以后给我茶叶来冲抵。"这个钱我没有让他打，但是我非常感谢他对我们茶厂的信任。2017年见面，多嘉在昌都被诊断得了严重疾病，给我打电话。我让他来成都给他检查，结果是误诊，陪他去药店买了80多元的药就回家了。

昌都还有一位经销商名叫扎平，是次仁顿典的女婿，大家合作非常愉快。我建议他们来雅安建厂，开始是在荥经谈，后来选址在名山，2001年建立了名山县西藏朗赛茶厂。我派了我们的生产厂长李鸿启帮助他们工作了一年，帮他们把朗赛茶厂建起来，正常生产以后才回来。这些都是建立在和藏族同胞诚信、互信基础上的友好合作。

接手雅安茶厂不久，我拜访了一位智慧的老人、80多岁的藏族学者平措汪杰。他是黄埔军校毕业的。有一次我把老人家接到家里过国庆节，他会弹钢琴，40年前的谱子还记得十分清楚。老人在新中国成立前是噶厦政府里的地下党，为了解放西藏，他骑马到重庆，向西南局、西康省的领导建议:

"进藏要在雅安管好茶叶, 多带茶叶进去。"他说, 新中国成立以后, 走社会主义工业化改造的道路, 把雅安自明代以来的几十家茶号改造组建成为雅安茶厂等国营企业, 对保障边疆民族地区茶叶供应发挥了很大作用。

2020年春节前, 我去拜见了十一世班禅大师, 交谈了两个多小时。后来大师向我们定制了纪念茶, 又派助理到雅安茶厂接洽, 我陪同助理参观茶厂。走到照壁处照相, 照壁上是十世班禅大师给雅安茶厂的题词"煦风送暖催春意, 碧玉绿叶舞新姿", 助理把照片发给十一世班禅, 大师在照片上题写了"祥瑞"二字。

纪念茶定做了11万份, 做好以后我们于1月17日发货, 19号就顺利到达大师所在地。

传承"非遗"技艺, 弘扬老牌茶号

转眼间接手雅安茶厂已经20年了。20年来, 雅安茶厂发生了翻天覆地的变化, 目前藏茶年产量8500吨, 每年还在大幅度增长。好产品一定要有好原料, 雅安茶厂目前已有国家认证的6000亩有机茶园, 30000亩生态茶园。为保证原料质量, 还自建了生物肥料厂, 在行业内率先完成了质量安全认证、管理体系认证、有机藏茶认证等。

2008年, 雅安茶厂成为国家级"非遗"南路边茶(藏茶)制作技艺保护单位。独特的传统制作技艺是千百年来无数藏茶工匠智慧的结晶, 流传至今为雅安主产区所独有。正因为如此, 作为代表性传承人, 我务必亲力亲为, 才能加强对它的保护和传承。

我是一直带着"为什么藏族同胞离不开这个茶"的疑问, 安下心来, 俯下身子研究藏茶的。我曾带着营养学、生物学、药学、茶学的十余位专家前往藏区实地调研, 把雅安茶厂200条藏茶样品送进南京农业大学实验室, 进行不同环境下的种群群组分布检测。我认为茶的文化, 归根究底还是健康文化。"神农尝百草, 日遇七十二毒, 因茶解之", 这就是健康的理念, 解毒的理念。饮茶文化升级到健康文化, 这是茶界应该干好的一件事。

中国藏茶文化口述史

20年来，我用一个医生寻根究底的态度以及解剖学的精确严谨的方法，抽丝剥茧，渐渐揭开了千百年来遮盖在藏茶身上的神秘面纱。

2014年雅安茶厂新三板上市，成为四川省第一家上市的茶叶企业。统计了一下，用于研究藏茶内含物的检测费都花了130多万美金。藏茶样品被送到了法国、日本的实验室，送进了北京大学、清华大学、浙江大学、四川大学、中国科学院，以及美国华盛顿大学、佛罗里达理工学院的研究机构中，每一份研究报告都带来了新的认识和惊喜。在茶典中，关于茶叶含有500多种有机化合物，700多种香气成分是有定论的。藏茶的复合香（聚合香），专业名称萜烯醇，在加工过程中已构成茶色素、茶多糖、镁离子、锌离子，完全不同于其他茶类。因为没有经过发酵的茶，到了体内需要氧化，要氧化就要耗氧。高原环境缺氧，体内又在耗氧，那血液里的氧就更少了。所以，千百年来形成的深度发酵的藏茶工艺，更有利于生活在高原地区的藏族同胞的健康，是人民群众的智慧结晶。藏茶千百年来的饮用实践证明，饮食结构和习惯决定了藏族同胞必须喝藏茶，仅云南迪庆藏族自治州，每年就需要雅安茶厂十几万条茶。

茶都含有茶碱、咖啡因，不含茶碱的叶子不是茶叶。这些物质会刺激大脑皮层，影响睡眠。而藏茶通过三蒸三揉四发酵32道工序加工出来，发酵过程是化学反应的过程，通过异构、降解、聚合、偶联等反应，降解了咖啡因、可可碱，使其含量很低。

藏茶是打制酥油茶最好的茶。2015年中央电视台《走遍中国》栏目现场试验，用绿茶、普洱、藏茶分别打酥油茶，几十分钟后，其他茶打的酥油茶、水开始分离，28小时后，只有藏茶打的酥油茶还是水乳交融，没有分离，说明藏茶化解油腻、减肥功效是最好的。

2021年8月，四川省公布了首批非物质文化遗产保护传承基地名单，雅安茶厂榜上有名。作为四川省唯一的茶类传承基地，让雅安藏茶再度成为视线的焦点，作为老字号的茶厂，一定会在传承中谱写新的篇章。

雅安藏茶制作技艺历史悠久，距今已有数千年历史，其生产工艺极为复杂，从采摘、杀青、蒸揉到渥堆发酵、拼配关堆、舂包成型等要经过30多道工序。如今，四川省单独设置"非遗"保护传承基地，更具有多重含义，需要边生产、边传承、边技术创新，在这方面，有着悠久历史的雅安茶厂责无旁贷。

用医学知识"解剖"藏茶

我的体会就是：要用医学知识"解剖"藏茶。立足学术，着眼传承，是"非遗"保护传承基地的基础和要义。立足学术，用史料和科学依据解读制作技艺，是我们这代传承人的使命和责任。所以我经常在琢磨"非遗"与"传承"的含义。"非遗"是人们世代相传的风俗文化、地域生活的"高光总结"，它是在满足社会生活需求的现实条件下诞生的，往往凭借经验在做、口传心授。这些积累的宝贵经验，成为当下的非物质文化遗产。

而所谓传承，不仅仅是要弄明白技与艺是什么、怎么延续，同时也要利用当代的技术优势，从科学机理、从根源上解答"为什么这样做"，进而更有效地传承和推广。以藏茶为例，为什么雅安制造的茶叶，能够帮助藏族同胞消食解腻，而不是其他茶类，其他工艺？

所以我们邀请北大、清华、南京农大等多所院校对藏茶制作技艺、原料标准等进行实验研究。藏茶有一项特殊工艺，叫红锅杀青，茶叶需要在230℃的高温下炒制，并通过"三蒸三揉四发酵"的工艺，才能最终制成成品茶。而这样的制作技艺以及微生物的参与，使得茶叶内的植物细胞得到充分分解，内含物质充分释放，从而达到红、浓、陈、醇的特殊品质，能缓解在高寒、缺氧、低压环境下引起的不适症状。过去我们只知其然，通过科学论证，我们知其所以然，这就是"非遗"传承立足学术的奥秘。

找到了答案，才能更好地"反哺""非遗"。我们通过项目化带动、示范性引领"非遗"保护传承，不断激发"非遗"创新发展内生动力和外在活力，促进"非遗"融入现实生活，实现发展振兴，展现中华优秀传统文化永久魅力和时代风采。品饮藏茶，让人们在享受茶叶中有益有机物的基础上，了解藏茶的功效和意义。

为了进一步弘扬传承藏茶悠久的历史文化，让更多的人知晓藏茶的魅力，我们搜集、整理、保存了二十世纪五十年代以后南路边茶"非遗"技艺的大量相关史料与实物，完善了藏茶资料中心、培训中心、藏茶博物馆等相关功能，并打造了"藏茶世界"这一"非遗"传承保护中心，让参观的游客都能够系统地学习历史沿革知识，并亲手体验茶砖茶饼制作技艺。

"非遗"不能止步于手工技艺的传承，同样可以渗透更多科技元素。作为食品饮料加工业，茶汤内的有益成分可以在生物化学的效应下，分解为稳定的小分子物质，促进人体更好地吸收、受益。在我看来，这才是"非遗"活态传承的未来。雅安茶厂目前正在研发制作新的衍生品——科技单体形式的茶产品。比如，有人可能需要促进肠蠕动的效果，就提取纤维素的单体；又比如，有人担心喝茶睡不着觉，就将咖啡因降解等。

这同样是我们利用经验、技术对制作技艺的提升和延展，也是应对满足生活需求的新的创造。我相信，雅安茶厂一定会越来越好，一定会为雅安藏茶产业谱写出新的篇章。

（采访：陈书谦、郭磊；编辑整理：郭磊、王自琴）

10．传承藏茶技艺，弘扬兄弟友谊

口述人：甘玉祥，1963年4月生，四川雅安人。国家级非物质文化遗产
"南路边茶（藏茶）制作技艺"国家级代表性传承人，雅安市友谊茶叶
有限公司董事长。

白手起家

我的家乡——雅安城区以西的多营镇新开店，是川藏公路318国道边上具
有历史意义的茶马古道第一站。我从小在茶坊长大，祖上世代以茶为业，村
里乡亲男性做茶，女性采茶、筛茶、选茶，祖祖辈辈没有间断，计划经济时
期大多搞茶叶生产、毛茶制作，交给国营茶厂统一收购后再加工销售。

我1981年参军入伍，很幸运。当年因为家庭出身原因，差点没有去成。
到部队后我勤奋好学，踏实肯干。一是入了党，二是参加团里的读书演讲活
动，1983年曾荣获成都军区政治部"青年读书演讲活动"优秀奖。在部队锻
炼和学习的经历，为我回来创业留下了很多军人的印记。

1985年退伍，我先后在两家企业工作，还担任过另一家企业的厂长。由
于家里世代与茶的缘分，还是决定自己创业搞茶厂。有个战友在乡里当副乡
长，我找到他说想办茶厂但没有资金，我们商量后决定采取个人集资的办
法。很快通过个人借款筹集起了建厂的经费，厂址就选在多营，这里是我的
老家，家里和周边的人对藏茶有感情，很支持；其次就在川藏线边上，交通
方便，离城区也不远。

记得前期投入资金只有3万多元，当时私人借贷二分的利息是很高的，没有办法，银行利息也高，而且不贷给个人。

创业初期一起干的人不多，开始二三十个人。多数是家族中的亲戚朋友，也不在乎工资多少，都是聘用制，包括我大哥。做茶大家都很熟悉，干了很多年，有把握把它做好。哥哥、侄儿等一班人马，懂加工的搞加工，懂设备的做设备，没有场地我们租了一个公房。3万多元用来买设备，就开始运转起来了。

1992年我们取的厂名是"雅安市友谊茶厂"，当时属雅安地区县级市，现在是雨城区。我想到汉藏民族友谊亲如兄弟，所以注册了两个商标，一个是"兄弟"，一个是"兄弟友谊"。到了2001年，我把茶厂升级登记成为雅安市友谊茶叶有限公司。

技艺传承

我们家兄弟5人，我有4个哥哥。我比较幸运的是小学推荐升初中，初中升高中赶上考试，又有幸考中。我们受父亲的影响主要有两个方面：一是以前政治运动多，父亲经常被批斗，历史包袱说也说不清；二是从事藏茶事业是父辈家族的传统，热爱茶业，认真执着，直接影响和传承到我们这一代。

父亲叫甘绍郁，一辈子都和茶叶打交道，早年创下过家业，以后成了我们的家庭出身问题。我从小就看过父亲做茶，杀青、蒸茶、揉捻、发酵等等。听父亲讲，我们家前几代都在茶庄做茶，以前茶庄与茶号之间是互相打交道的。新中国成立以后公私合营，组织成立了几家国营茶厂，父亲和国营茶厂的老师傅们都很熟悉。

我们的茶厂刚建厂的时候，一年只能生产几百吨茶。过去的传统，藏茶原料是不采芽茶，不做绿茶的。茶的长势非常好，内含物丰富，叶芽柔嫩松软，品质最好。现在一般要采芽茶，关系到茶农的收入问题。但我们坚持用没有采过芽头的茶来做原料，这样才能保证质量。

到了2002年，国家重新评选民族特需用品定点生产企业的时候，公司被评为定点企业，是全国25家企业之一，能够享受一定的免税政策，还有就是贷款贴息。但贷款贴息实际没有享受到，我们当时叫集体企业，还不叫民营企业或者个体企业，是不能贷款的。国有银行贷款需要抵押担保，工厂没有土地证房产证，无法抵押，所以基本上没有享受到这个政策。

2000年以后，我还承包经营过荥经茶厂。当时国有企业改制，政府不转让土地盘，只是把设备承包给我继续生产，我在单位名称上加了一个"县"字，叫荥经县茶厂，重新登记。我同时管两个厂，注册资金一千多万，大概年产两千多吨传统藏茶，基本上都是卖到甘孜、西藏。一直到2007年雅安市茶业协会组织申报"非遗"的时候，荥经茶厂、友谊茶叶公司还一起积极参加了申报，我是两个厂的法人代表。

2003年，有一次孙前副市长问起为什么当地人不喝藏茶的时候，对我的触动很大。我决心走出藏茶汉饮的第一步。首先在公司推行"爱厂茶"，谐音是"爱藏茶"。过去说"做茶的人不喝（藏）茶、喝（藏）茶的人不做茶"，员工都不喝藏茶，习惯喝绿茶。要把藏茶推向市场，首先自己要喝，从员工开始喝，从干部开始喝。只有你亲自喝，你做的时候会想到这是我要喝的，才能把它做好。我们专门在厂门口摆放了大保温桶，员工进厂先喝一碗，不喝不让进。进厂喝、出厂喝、中途也来喝，形成喝藏茶的氛围。不喝不知道，喝了才知道感觉很好，来厂的很多茶商、朋友喝了都评价很高，增强了我们的信心。

2004年，雅安承办国际茶文化"一会一节"期间，我挤出资金支持承办"茶马古道老照片回顾展暨大熊猫生态摄影艺术展"，是唯一的藏茶企业赞助单位。

2010年，为了实实在在地进行"非遗"保护传承，我们成立了藏茶技艺传习所，在公司大厅设置藏茶文化长廊、知源馆讲解室、三代传人工作室、产品展示大厅。首先进行内部员工培训，让员工都能掌握藏茶技术要领和了解保护技艺的重要性；同时面向社会宣传"非遗"精神、保护"非遗"技艺、弘扬"非遗"文化。

中国藏茶文化口述史

传习所以真实的场景、原始的器具、翔实的记叙，以及各种"非遗"产品等丰富内容，吸引四面八方的友人参观考察、学习交流。通过参观、讲解、体验，认识了解"非遗"技艺的奥秘，感受祖先勤劳智慧的工匠精神，从而了解"非遗"技艺，热爱"非遗"产品。藏茶制作体验区尤为引人注目，几乎每天都有客人在这里敲敲打打进行春包体验。2015年，文化部雒树刚部长来这里参观，也忍不住体验了一把"非遗"技艺，对我说："你这个传承人当之无愧，名副其实。"

创新发展

传统藏茶品种单一，只有康砖、金尖，利润很低。只有创新产品，满足不同层次的消费需求，才能带动品质和产业发展。所以我很早就思考藏茶汉饮、扩大市场，2003年开始投入行动，写过一篇《从茶马古道谈藏茶汉饮》的文章，先后在《茶界》和被收入2006年西南大学茶马古道文化国际学术研讨会论文集《古道新风》发表。当时我认为，随着雅安政府对茶马古道文化的深入挖掘以及茶马古道旅游的进一步开发，藏茶不仅会让汉族以及广大民族所接受，而且藏茶还将成为茶马古道旅游精品，带着浓浓的民族风情和藏汉之间的兄弟友谊走出国门，让世界各地的人都来饮用藏茶，到那时候，"藏茶汉饮"就成为"藏茶世饮"了。

我们最早开发的是巧克力藏茶，不仅从形状上创新，关键是品质提高。仍然保持紧压砖茶的风格，选料不同，做得更精、更细。一投入市场就很受欢迎，评价非常高，一直到今天还在生产。后来客人反映能不能做点散装藏茶。散藏茶很不好做，我们率先开发，也很受欢迎。我们召开了新闻发布会，电视台、报社、协会等单位参加，大家反映不错，都喜欢喝这个茶。

新产品面向全国市场，藏族同胞也喜欢。记得雅安党校来过几批西藏的学员，每批学员到我们厂里，都要买很多小条的藏茶，量小价高，附加值也高。但是人家非常喜欢，说明西藏同胞也需要高端产品。

我们还创新冲泡品饮方式，藏茶好喝，但外形不大好看，不像绿茶那样美观。我们就推广玻璃壶，茶水分离，主要看茶汤，非常漂亮，被人形容如红葡萄酒。玻璃壶晶莹剔透，下面洒上花瓣、点上小蜡烛，保温还调节气氛，看着漂亮，茶汤好喝，推向市场效果很好。政府也把我们的藏茶评选为接待用茶。

2007年10月，在市、区科技部门的支持下，我们牵头成立了藏茶研究中心，邀请四川农业大学教授、农业部门茶叶专家、茶文化知名人士以及藏茶企业代表参加，联合开展藏茶新产品开发。我们公司也组织进行了多项技术创新，目前已申请三项国家专利。

通过调研，我们总结出制约藏茶产业发展的瓶颈，比如投入不足、企业规模小、厂房不规范、设备不先进、创新能力不足、推广宣传不够等；总结出"水果定律""馒头理论"等，一方面争取支持，一方面指导生产。

班禅大师考察

最为荣幸的是2005年6月16日，十一世班禅额尔德尼·确吉杰布大师亲临我们公司参观考察，这是作为藏茶企业非常幸运、非常重要的一天。

记得那还是在6月上旬，区政府分管领导就来公司，说有重要接待任务，叫我们做好准备。我问是哪位领导，只说有重要领导，一定要用心做好准备。接下来的两周时间，我们公司全体人员做了大量接待准备工作，明确分工、布置现场、设计制作茶砖等。

大约在12日，安保人员就来公司进行了全面检查，对公司工作人员全部进行了登记，给每个员工发了一枚胸章出入证，要求每个员工上班必须佩戴，并安排要昼夜值守。

16日上午9时，政府工作人员早早就到了现场。大约10时左右，班禅大师和经师加洋加措等一行在雅安市委书记侯雄飞、市长傅志康等领导的陪同下来到了我们公司。我作为公司负责人热情迎接，陪同嘉宾和领导首先参观生产车间。班禅大师非常专注地考察了传统藏茶的生产过程，还捧起一把茶叶用鼻子闻了一下说："真香。"大约20分钟后，大家来到藏茶展厅参观藏茶产品。17岁的班禅大师非常稳重，对我们开发的新产品感到好奇，并随手拿上一盒与经师分享，一边点头一边流露出欣慰的微笑。

工作人员为尊贵的客人奉上了热茶，班禅大师轻轻啜了一口，然后赞叹地说："好喝，挺香。"公司员工将早已准备好的茶砖递给我，我郑重地赠送给班禅大师，大师高兴地接过茶砖，又放到鼻子前闻了一闻，然后微笑着和我合影，留下了珍贵美好的瞬间。接着，他把随行人员递上的哈达、坐床照片、像章、金刚结送给了我，紧接着又拿出一支粗头的签字笔，在红色的签字簿上一挥而就，流利地写上了他的藏文名字。

考察结束后，班禅大师离开公司，沿着318国道前往甘孜藏族自治州考察，我和员工们激动的心情久久不能平静。

走过三大步

20多年来，我和公司一起走过了三大步，归纳起来就是用功、用心、用情，走过藏茶汉饮、粗茶细做、人文做茶的三部曲。

首先是用功做茶。传统藏茶品种单一，需要升级换代，需要品质提升，需要市场推广，需要从边销走向全国，我把这些思考总结为藏茶汉饮；其二是用心粗茶细做，突出技术含量，我们在传统砖茶的基础上，开发生产新型藏茶和第三代产品甘泓，这是我们粗茶细做的结晶；第三是用情弘扬传统文化，人文制茶，扎扎实实传播弘扬"非遗"文化。

我们还把藏茶做成旅游产品，压成五花八门的茶砖，如会节纪念、婚庆纪念、肖像纪念等。改进传统包装，引进竹编工艺，升级换代成为藏茶的形象标识，藏族同胞只要看到这种包装就知道是藏茶。为了让品质得到提升，又不失传统风格，在提高茶叶品质的同时，外部包装也进行改进，达到内有传承优良品质，外有传统精美包装，使之更具有藏茶文化内涵，并分若干规格，深受国内外消费者的喜爱。

经过较长时间的努力，我们的产品从长期边销的传统康砖、金尖两个品种，增加到了50多个品种，分为健康品饮、旅游收藏、房屋装饰三类，有高、中、低档产品，可以满足各种消费市场和各种消费人群的需求。从边茶销往边疆地区到藏茶销往国内外大市场，打开了销路，开拓了市场，企业经营良性发展，越来越好。从藏茶汉饮，到各族共饮，再到全民共饮，雅安藏茶产业发展的思路和理念，得到相关企业、行业组织和各级政府的认同和支持，我发自内心地感到高兴。

多年来，我们先后荣获三项国家级'非遗'荣誉：2008年成为"南路边茶（藏茶）制作技艺"国家级'非遗'保护单位之一；2011年被文化部评为"国家级'非遗'生产性保护示范基地"；2012年我又荣获唯一的国家级"非遗"代表性传承人。同时拥有三项荣誉，在全国茶叶行业恐怕也是唯一的。

作为"国家级非物质文化遗产生产性保护示范基地"，公司为此作了五年规划，分别为建设藏茶的原料基地、传统生产制作工艺标准化车间、藏茶历史博物馆、产品展示厅等。

2012年2月，我们参加北京中国'非遗'成果大展，现场展示藏茶制作技艺和藏茶产品，引来无数客人参观和争相抢购藏茶产品，各级媒体也相继做了报道；2012年9月，我们参加山东枣庄'非遗'成果大展。现场展示藏茶制作技艺和藏茶产品，同样取得很好的效果。

我们的努力得到各级党委政府的充分肯定和高度评价，公司党支部被评为四川省先进民营企业党支部，友谊茶叶公司被评为雅安十佳企业。

我个人也受益匪浅，2007年被雅安市委组织部授予"农村优秀人才示范岗"，被四川省旅游局授予"四川省特色旅游产品十大创新人物"；2011年被四川省茶叶行业协会评为"茶文化建设先进个人"；2012年被雅安市委组织部评为"优秀共产党员"，并连续多年相继担任雅安市政协委员、雨城区政协委员。

弘扬传统文化

成绩和荣誉属于过去，传承'非遗'技艺，弘扬传统文化需要我们长期坚持下去。

通过长期的实践和探索，也是有感而发，我撰写过几篇文章先后公开发表，如《从茶马古道谈藏茶汉饮》（2005年8月发表于《茶界》）、《弘扬藏茶传统文化，引领藏茶健康思想》（2007年发表于《四川茶业》第四期）、《茶人情怀》《古道·驿站，藏茶，传人》（发表于《雅安日报》），在"非遗"培训会上撰写《发展是最好的保护》文章等。

建设中华民族共有的精神家园，需要薪火相传、代代守护，也需要与时俱进、开拓创新。我们厂地处川藏公路318国道旁，为此我们修建了"茶马古道第一站"纪念碑，镌刻了"千年背夫文化传承兄弟情深，万里茶马古道书写汉藏友谊……"碑文。

茶为国饮，书法是国粹，《论语》是国宝。挤出时间，我在藏茶小条包上用毛笔书写《论语》，把三者结合起来，让人们在喝茶的同时，汲取更多中华优秀传统文化的养分。促进藏茶走出大山、走出国门、走向世界，这是我们雅安茶人的使命所在。

2020年1月，在第十一届成都诗圣文化节上，我书写的杜甫诗句小条藏茶被成都杜甫草堂博物馆收藏。开幕式上，和成都杜甫草堂博物馆馆长刘洪一起，共同为杜甫草堂收藏藏茶仪式活动揭牌。国家级"非遗"产品雅安藏茶进入杜甫草堂，再现"茶中有诗，诗中有茶"的完美融合。

所谓人文之茶，就是一切以人为本。在公司藏茶技艺传习所里，写有《论语》的小竹条藏茶整齐排列，形成百米藏茶文化长廊的重要组成部分。我还先后写了茶经、唐诗三百首、弟子规等中华优秀传统文化作品，使我们的藏茶产品在中华优秀传统文化的熏陶中得到升华和新生。

用心、用功、用情把南路边茶制作技艺传承好、发扬好，就是我作为国家级"非遗"传承人的最大使命、最高荣誉！

（采访：谢雪娇、程鹏等；编辑整理：拉马文才、陈书谦）

11. 传承、拓展与品牌建设
——我和吉祥三部曲

口述人：梅树华，1953年8月生，四川雅安人。国家级非物质文化遗产"南路边茶制作技艺"四川省代表性传承人，四川吉祥茶业有限公司创始人、董事长。

从生产队做茶说起

我搞茶叶是从二十世纪七十年代前后开始的，那时候农业学大寨，我们生产队开荒种茶，在前山吴德寺建茶厂。雅安的农村中普遍都种茶，因为除了种粮食以外没有什么经济收入，茶叶是生产队千家万户经济收入的主要来源。雅安茶叶种植历史很长，蒙顶山吴理真开创人工种茶先河的故事祖祖辈辈传颂至今。

老百姓种茶、制茶、卖茶，但大多数人很少喝茶，真正普及喝茶是2005年以后的事情。以前喝"三花"就是好茶，现在生活水平提高了，已经六七年没有"三花"卖了，因为没有市场。很多企业做的绿茶，我们叫坯子茶，运到广西那边去窨花，北方市场大部分消费我们的花茶。为什么呢？因为以前北方的水质比较差，花茶能把水味盖住。

现在说的藏茶，我们从小就接触。以前在农村，家里种茶，十几岁就跟着大人学做茶，那时候不像现在这样采名茶，全是一芽二三叶，也没有机器，全是手工采、脚蹓。一般大端阳过后半个月，小暑开始做边茶，就是传统藏茶，大暑就普遍都开始做了。

以前用的鲜叶原料全用刀割，割下来以后红锅杀青。那时候没有平炒锅等机器，全部是那种大灶，传统土灶红锅杀青。我们这边以红锅杀青为主，乐山、宜宾一带用蒸汽杀青。就是用农村的那个锅，编一个竹围子把它围起来作蒸屉，然后把锅和屉放在灶上，把茶叶放在屉里面，锅里掺上水就那样蒸，蒸到脱了梗，把大梗拣出来，梗子和叶子分开晒干，称为蒸锅茶，我们雅安做的是红锅茶，蒸茶用传统的木甄子，蒸锅茶实际上按现在的说法就是蒸青茶。

边销茶原料采摘有两种，一种是割下来的，一种是直接从茶树上手捋下来的。捋下来以后，直接放在锅里面，掺点水，用竹甄子蒸，实际上也就是蒸青，蒸后把它晒干。我们这边没有这样加工的，都是宜宾高县、乐山犍为一带拿过来的，二十世纪九十年代高县是我们的原料供应基地，手捋叶属于是蒸青或晒青。

我们这边做得好一点的是三蒸三揉，差一点的就是两蒸两揉。第一道红锅杀青之后就用茶甄蒸，蒸上汽以后就倒在口袋里面，上蹓板蹓五六次，倒出来茶梗和叶子就脱落了，梗子一拣，叶子就开始进入下一道工序，稍微自然散失水分，干度达到七分半，再蒸，蒸透了再进行二揉。二揉也同样是这个过程，梗子没拣完又复检一次，稍微堆一下定一下型，然后在太阳下晒。那个时候基本上很少有用锅烘的，因为烧柴的锅一般很慢，大多都是用太阳晒干，不像现在是用烘干机烘干来得快。二十世纪六十年代一直延续到1975年都是传统制茶。1972年前后个别茶厂才开始有揉捻机，揉孔都是木头的，但仍就多是手工揉。揉捻机很贵，那时候1000多块钱一台，相当于现在几万元。

在农村里面还是传统加工工艺，我们二十世纪九十年代初收购雅安市茶厂的时候，都还是传统的用脚蹓茶，因为茶山偏远，山路难走，交通不便，机器都运不上山，就只有通过传统的生产方式，晒干用口袋装好，再送到茶叶收购站。

那时候雅安农村没有电，加工茶叶是用那种人工推的半机械，就算是减轻劳动强度、效率比较高的了，这种半机械现在都不好找了。普遍使用揉捻机没有多少年，也就是在二十世纪八十年代以后的三四十年。真正的机械化生产，机械化程度高一点，还是2000年以后的事情。

二十世纪七十年代以前，计划经济时代，农村经济收入少，主要还是靠茶叶，以传统藏茶为主。农民采茶都只采一两次春茶，以后采的原料加工毛茶收购站就不收购了，政府要求保证茶叶质量。农忙一过，就开始做传统藏茶，生产队必须能采尽采，全部采下来保证茶叶站收购，一般到7、8月份，大暑过后就不采摘了。

我们的原料基地在蒙山后山，山上的茶园有上百年历史，种植方式叫满天星，就跟馒头一样。那时候政府比较重视种植，1967年前后，到处都在搞开荒种茶。农村普遍要求种茶果子，茶叶主管部门组织从福建、浙江、云南等地调茶果子回来种。

雅安边销茶任务比较重，当地原料根本不够，要在全四川各地收购或从省外调运毛茶到雅安，统一拼配加工。那时候生产都没有停过，要保证供应，主要是雅安茶厂、荥经茶厂和天全茶厂等国有企业。四川省雅安市茶厂是1983年建厂的，开始是地方国营联办，前身属县级市的农委管，李国林老师是第一任厂长。那时候市场很好，茶叶不愁销，后来经营不善，1988年由市（县级）农委转给市（县级）供销社。经营几年后又改制，1992年经雅安地区行署批准由国营转为民营，当时的厂房地址就是现在雅安市雨城区的幸福商城。

我不是这个厂的人，在农村从1974年当生产队长开始，我就带领社员开荒种茶，然后收购加工卖给茶厂，一直到二十世纪九十年代。茶叶加工是季节性的，1983年我们合伙建了一个中里页岩砖厂，由于管理不善，经营亏损，1988年合伙人走了，全部由我个人来搞。1992年中里区公所办起了民政福利乡镇企业，由于经营不好，区公所见我经营砖厂还可以，就找我建一个茶叶企业，所以才有了中里茶厂。由于政策变化，中里区公所撤区建镇，区公所就找我，要我把茶厂一起管起来。

接手雅安市茶厂

雅安市茶厂是我们1992年从市（县级）供销社那里接手的。原中里茶厂更名为四川省雅安市茶厂，接收它的相关业务，包括生产设备、资料、商标、品牌、厂名等。原来厂里的人员愿意到中里茶厂来的就来，不愿意来的供销社安排退休或者到其他地方去工作。

雅安市茶厂承担的国家边销茶调供计划继续由我们承担，茶厂从国营转为了民营。后来民政福利企业也转制，由于他们占了我的土地，还有20多万的欠账，就把资产转给我了，一切债务由我承担。当时个体户是受歧视的，就一直挂着集体企业。到2000年，国家对少数民族特需用品边销茶的生产企业重新定点，要求主体清晰，雅安市茶厂才正式从形式上变为个人资本的民营企业。

实际上从1992年开始，我们已经经营近十年时间了，一直都承担国家的生产、储备任务。雅安市茶厂2002年更名为四川吉祥茶业有限公司。李国林老师是农业局茶技站站长，一直是我们的技术顾问。

边销茶历来属于国家民委、商业部、供销总社等部门主管，地方和省里都没有权利。计划经济时期朋友要买两条茶都是买不到的。我们1974年前后到甘孜藏族自治州去，茶叶要当黄金，计划供应，一个人一个月半斤茶叶。半斤茶叶每天都要喝，泡过后还要煮，没茶味了就晒干了之后拌和到青稞里，炒熟了之后打成面，全部吃完，不像现在茶叶已经满足供应了。那时候只要一翻过二郎山，车上如果装有茶叶，很远都能闻得到茶香。那时候的茶比现在的做得好，香得多。

从我接手雅安市茶厂后，年产量大体在一两万担，每担100斤，共一千到两千吨。为什么呢？一是原料少，那个时候的原料，除当地的全部收购以外，要从乐山供销社、外贸系统，包括宜宾那边去调毛茶。宜宾、高县，包括云南盐津那边几个县，我们都要去组织收购，一直到万源跟西安交界，包括重庆以下垫江、石柱，邻近贵州的原料都要调回我们厂里面来。我们用的当地原料只占百分之三四十，百分之六七十的原料是来自区外的，因为雅安的原料根本不够。这几年雅安原料用不完，茶园是从1998年以后退耕还林发展起来的。

我们厂2000年开始建基地的，我们是民政福利企业，除了厂里面安排十多名残疾人就业外，不能安置在厂里面上班的，每年要买五六十万株种苗来发给残疾人、贫困户，一直发到北郊，无偿地发，包括上、中、下里的人。他们拿去栽培投产后，我们每斤高于市场价两三元收购茶叶原料，来帮助残疾人、贫困户。经过几年扶持，这些家庭都已脱贫致富，我们公司被四川省残疾人联合会评为先进企业。

雨城区后盐村、红牌村等五六个组，都是我们的基地。每年要进行免费培训，包括种植、栽培、采摘、病虫害防治等。我们每年冬季封园，都要实行免费的有机生物农药的发放，两个村都是无偿地发放。2015年又增加了物理防治的杀虫灯五六十盏，太阳能的，这个灯灭虫效果好。以前安装了100多盏电灯，管用不到两年，也不安全，还要补助老百姓一百多块钱的电费。

2002年开始，因为我们有基地，为了配套茶园基地的管理，从春季开始直到秋末封园全程收购鲜叶，就开始增加绿茶加工，春季的单芽不适合加工边茶，我们就做一季的绿茶。边销茶加工，我们都是在保留传统工艺的基础上研发新产品。从2002年开始聘请了专家、顾问做技术指导，四川农业大学齐桂年教授因病不在了，现在还有李国林老师等。

真正好的边茶还是要选用基本成熟的鲜叶，就是当年长出来的新梢，我们叫红薹绿梗，做出来的茶无论品质、口感，特别是功能成分，它是样样占全。

这几年茶叶市场发展比较快，我们最近十年来开发边销以外地区市场，从以前"酒好不怕巷子深"的观念转变为利用现代传播技术、手段来营销，打造品牌。高度重视自身的品牌建设，认识到企业要发展、做大做强，必须加强企业及其产品的品牌建设和宣传。

在市场营销方面，我们一直坚持以保障民族同胞生活需要为己任，经常深入销区，进行市场调研考察，经常与销区民贸公司取得联系，建立起良好的合作关系，配合主管部门搞好藏茶储备和市场供应。同时根据销区群众生活特点和需要，不断开发新产品投放销区市场，满足销区群众需求。在青海玉树发生强烈地震的时候，我们公司接到青海商务厅和民贸公司通知，紧急调运一批茶叶供应灾区，公司紧密配合青海民贸公司加班加点生产，半月内生产调运200多吨茶叶，及时完成了任务。

我们在认真做好边疆地区市场供应及储备的同时，为了提高经济效益，我们开展多品类经营，主要产品有传统边销茶、销往其他地区的藏茶、绿茶和红茶。我们的藏茶已初步形成四川、广东、深圳、北京、上海、河北、山东、辽宁、吉林、黑龙江、河南、福建等国内市场销售网络和转口贸易，市场份额逐年稳步上升。目前已发展优质加盟商30余家，产品经销商100多家。

我们的老厂在中里镇，以前的建筑是砖瓦结构，受厂区面积小的限制，以前的生产布局也不完善，很难满足现在对食品加工企业的要求。2008年"5·12"汶川地震以后，老厂区因房屋结构的原因受损严重，我们积极响应雨城区委区政府的号召，把企业做大做强，做规范，也为了改变原有生产环境的局限，在雨城区大兴镇农业园区征地50亩，按照食品生产企业的要求进行设计和布局，建设了新的生产基地。生产设备方面也进行技术改造和提升，改变了原来生产周期长、能耗高、污染重、噪声高、劳动强度大、安全隐患多、原材料损耗高等问题，建成了清洁化、机械化、连续化的生产线。2018年又积极响应市委、市政府在大兴国家农业科技园区打造"中国藏茶城"的号召，两年建成集藏茶生产、藏茶体验、藏茶文化传播、藏茶工业旅游等为一体的吉祥藏茶产业园。

研究生产低氟砖茶

1999年看到一个报道，说茶叶氟含量高影响藏区老百姓身体健康，这个问题引起了我们高度的重视。当年就开始组织人员解决茶叶氟含量高的问题，我们用化学方法试制，虽然氟含量降了，但是茶的口感有影响。后来我们从茶树生长周期开始研究，用土办法取得了一些数据和成果。

当时国家要求解决这个问题，供销总社的同志给我打电话，知道我们搞得差不多了，要求写一个汇报材料。到了2006年，全国几家科研单位、全国比较大的边销茶生产企业、有研发能力的企业被召集起来，11月下旬在财政部第三会议室开会，供销总社通知我们去，说如果有关于边销茶降氟的研究成果，最好一起带到会议上去。

接到通知后，我们马上准备把前几年搞的有关实验情况的资料，李国林老师还把工作笔记本等原始资料都带上了。头天下午过去，第二天就到财政部开会。还有商务部、供销总社、国家民委等几家主要管理部门。会议主要讨论边销茶氟含量高的问题，要求大家一起合作解决。企业去了四家，湖南益阳茶厂、湖北赵里桥茶厂、云南下关茶厂和我们吉祥茶业，以及杭州茶叶研究院、云南茶研所、湖南茶研所等相关科研单位，骆少君院长、杨院长、刘仲华教授等一起讨论，研究怎么解决含氟量的问题。

我们最后一个发言，从1999年看到报道就进行基础研究开始，对茶树生长周期进行研究，我们用的土办法，目前取得了一些数据进展等，具体数据、原始资料请李国林老师汇报交流。李国林老师翻着笔记本，哪天实验数据是什么、氟含量降还是升、存在的问题、李老师都记得清清楚楚。把研究渠道、研究方向汇报得很清楚。刘仲华教授发言说，吉祥茶业公司直接从实际生产中去研究，思路和研究方法是可行的。财政部、民委几个处长把李老师的笔记本拿去，一本全部复印了。最后说现在这个任务比较急，国务院要求明年要拿出结果，希望大家回去以后想办法，尤其是科研单位，大家抓紧时间，财政部给予资金支持，争取有突破性进展。

我们回来后，得到财政部研究经费的支持，第二年7月份组织进行了专家鉴定。齐桂年教授作为我们的首席专家，我们提供给他一些数据。真正的实际操作，最后的论文，专家验收的答辩材料，包括我们最后去申请发明专利，都是我们自己搞的。

成果公布后，财政部电话通知，要求我们把科研成果在《西藏日报》上发表，并在新疆、内蒙古、青海等边疆民族地区宣传。在国家财政的支持下，民族饮茶健康问题（降低含氟量）已经取得研究成果。

产业发展和品牌建设

雅安2004"一会一节"以后，我们开始做边销茶地区以外的市场。当时云南普洱卖得相当火，我们也发产品，粗茶细做，开发出多种新型藏茶产品。目前看来，藏茶潜力非常大，一是以前属于边疆消费，有传统，由于藏茶的特殊功能作用，在当前普遍营养过剩的情况下，很适合大中城市人们饮用。我们的产品在很多地方得到普遍认同。

雅安的茶叶企业都想做好，但思路不同，眼光不同，经营理念不同，企业负责人素质起决定作用。更主要的是政府引导，从基地、到加工、到成品销售，包装、宣传等产业链很长，要做的事情很多，要有好的规划和引导。从人才、产品、科技、文化、培训等等，都需要政府的指导和投入。

雅安藏茶市场的开发一是科研投入，二是文化挖掘，文化底蕴积累不是一年半载的事。雅安文化挖掘是有基础的，蒙顶山茶、雅安藏茶两个名片在全国都有一定名气，关键要让更多人来了解，更多人来喝这个茶。雅安有几千年的产茶历史，很多教科书上都有，中国最早的黑茶是四川雅安的传统藏茶。

挖掘文化底蕴，还有茶马古道、背夫文化，国家对民族地区的支持，都可以挖掘、宣传。当然关键是要把茶叶品质做好，从安全和与国际接轨的角度出发，开发新产品，给消费者一种新的认识。

我们吉祥茶业一直都很重视品牌建设和产品质量提升，"吉祥"牌商标注册时间比较早，1983年申请注册，至今已连续使用了30多年，2007年被评为四川省著名商标，2014年被评为中国驰名商标，2017年被评为四川名牌产品。企业在2002年就取得了ISO国际质量管理体系认证，2007年取得HACCP认证，在行业内是做得比较早的。吉祥茶业品牌建设和质量管理虽然取得一定成效，但我们要做的工作还有很多。

（采访：周晓英、熊兴、吴明青；编辑整理：窦存芳、谢玲）

12．今生注定是茶缘

口述人：卫国，1959年5月生，四川荥经人。国家级非物质文化遗产"南路边茶制作技艺"四川省代表性传承人，四川省制茶大师，四川荥泰茶业有限责任公司技术总监。

　　荥经有句民谚"一艺养一生"，意思是说一个人只要学会一门技术，一辈子就不愁找不到事情做。还有一句"天干饿不到手艺人"，也是说无论遇到什么自然灾害，人只要会一门手艺，就能找到生活出路。对这两句话，我的体会就更加深了。

　　2008年，我成为国家级非物质文化遗产"南路边茶制作技艺"四川省代表性传承人，以后又获评"十佳匠心茶人""四川省制茶大师""雅州工匠"，以及一级评茶师等荣誉。这是国家、社会、行业和企业对我数十年从事传统藏茶加工技术工作的认可和回馈。我一辈子和藏茶打交道，先后在国营荥经茶厂、朗赛茶厂、瑞楠茶业等企业负责生产技术工作，直到今天，我还在四川荥泰茶业公司担任技术总监。

今生注定是茶缘

　　我的祖籍是河南省西华县，父亲卫敬林是南下干部，1950年，他随所在部队到了西康省雅安地区，后来部队转业被分配到荥经工作。1951年，组织上安排他参加国营荥经茶厂的筹建。1954年6月，父亲被任命为国营荥经茶厂党支部书记、副厂长。

我1959年出生，从小就跟随在父亲身边，住在茶厂的家属区。当时的荥经茶厂专门从事南路边茶的生产，茶厂蒸茶、晒茶、揉茶时，满城茶香。可以说，离开娘胎后我耳听的是茶事，眼见的是茶人，连躲猫猫、打水仗闻到的都是茶香，我是在茶香中熏陶、吃着"茶饭"长大的。

那时，姊妹们都下乡当知青去了，我排行老三，因为年龄小，仍然跟在父母身边，住在茶厂。那时候，荥经茶厂作为国营企业，生产的茶叶按照上级安排全部是供给青藏高原的藏族居住地区。为了保证边疆少数民族群众的生活供给，维护民族团结，国家特别重视对边茶生产企业的管理和保护，即使是"文革"期间，荥经茶厂都持续生产，必须完成国家的指令性生产任务。所以，当时的荥经茶厂一直产销两旺。

现在的学生并不一定了解过去的学习生活。在恢复高考以前，生活物资是很匮乏的，可以说吃饭都是问题。为了解决抢收抢种"双抢"季节的劳动力紧张问题，也为了让学生不忘本，增加社会阅历，学生放农忙假，要参加"勤工俭学""支工支农"活动。我因为有父亲在茶厂工作的缘分，所参与的社会实践活动基本都是与茶叶相关的劳动。比如在茶厂里当拣茶工，到安靖公社箐口站的九盘山茶园去采摘茶叶等。这些使得我对制茶这件事非常熟悉，情有独钟，并影响了我的一生。

荥经茶厂练技能

1979年，我高中毕业就参加了工作，被分配到了荥经茶厂。进厂后，先后在初制车间、烘烤车间、筛选车间、成型车间、包装车间工作过。

初制车间是我工作的第一站，也是茶厂生产工序中活计最重的岗位，工序要求也很严格。带我的老师傅管理也很严格，做不好就会挨骂，甚至挨巴掌打。不过，弟子有悟性，严师也就出高徒。在初制车间干了半年，我基本上熟练掌握了整个工序。在初制车间虽然干的时间不是很长，但确实学到了很多东西，也给今后到其他车间工作打下了良好的基础。

半年后，我到了烘烤车间炕茶、筛选。过去炕茶方式比较落后，把杀青后的茶叶堆在石炕上面烘炕，烧的是木炭或煤炭。1975年，荥经茶厂搞技术改造，把炕茶改成滚桶式烘干，实现了半机械化生产。烘炕看起来是比较简单的一个工序，但还是比较考技术的。那时没有温度计，更没有电子设备，全靠手感控温。火大温高了，茶叶就会烤煳，有一股焦臭的味道；火小了又烘不干茶叶，多了草腥味，达不到标准要求。因此，要随时注意加减炭火来掌握适当的温度——这就是手艺吧。

茶炕好后进筛选车间，进行筛选、分拣、归仓、拼配，再交到成型车间，成型车间的具体活计就是用篾笆子舂包。荥经茶厂的包装很有特色，很多藏胞不认识字，就看篾条的粗细和包装外形，只要是细篾或加有黄纸的就代表是荥经茶，是正宗的。舂茶包的技术要求是撒面要均匀，倒茶的时候撒三钱*面茶在上面，然后用舂棒舂茶包，舂一斤茶（一块茶砖）要插垫一张竹子编的篾叶分隔一下，插篾叶的时候撒二钱面茶在下面，因此叫"上三下二"。一条康砖20块茶，要撒20次，一共要撒一斤面茶。当时就以撒面茶来衡量产品质量，一条包没撒到一斤要扣工资，超过一斤也要扣工资。撒面撒不均匀，两块茶砖粘连了就属废品，废品率要控制在2.5%以内。一条茶包要舂84棒才算合格，舂茶是自动的，舂棒的重量是74斤至80斤。在撒面的时候如果把篾叶插飞了，两个茶块就会粘连，称为毛盖，这就是废品，所以舂茶的技术含量很高，负责这个工序的称为架师，属于技师类，是七级工，插篾叶的就是掌门人。舂好一条后要封口，然后拉到半成品车间堆放，进行第二次发酵，再送到包装组重新装包，打包捆绑成成品。

在包装组，每人每天的任务是包42包茶，一个组13个人，总共包500多包。13个人也有具体分工。包装组的工序是把舂包组舂好、经发酵后的茶包再一块一块地撬出来，整齐码好、过秤，然后交给包小包的两个人，包小包的人负责把每小包茶砖用黄纸包好，再交给负责滚包的人。滚包的任务是用牛皮纸将五小包滚成一节，四节滚成一条，滚好之后再交给捆茶笆子的人。

---

* 钱，非法定计量单位，1钱合5克。——编者

捆茶箅子的人都是篾匠，使用的工具是篾针，即手拿篾针上下穿、插、挑，把茶包捆得很结实，不管怎么倒腾都不会散包。因此，这一项也是个技术活，捆包时有口诀："竖二横五一锁篾"，即一条茶包捆绑时先竖起捆两道，横起捆五道，然后一道锁耳（封口）篾。杂工倒包、拣箅、发箅、刷箅、剔包，就是把所有茶包都拣好，并在箅口发水，促进柔软，把茶箅子编号，并把不合格的产品剔出来。

在茶厂工作了两年，我就学完了制茶的全部工艺。学完了制茶工艺流程，还需要掌握鲜叶的评级与茶叶的种植技术。1981年，我被安排到县茶叶联营公司三合乡茶叶收购站去搞茶叶收购。

当时的收购站在淡季的时候，要负责指导农民种植茶叶、管理茶园。我就从预定明年的收购任务、发放预付款、茶叶栽培与管理、茶叶等次鉴评学起。三年后，我熟悉掌握了茶叶种植、管理、品鉴等方面的技能。那时的茶树繁殖方式还是以种茶果子为主，成活率只有40%左右。有一年，荥经县分配了20万斤茶种，三合乡分配了1万斤。刚到三合乡时，全乡仅有5000亩茶地，到1984年我离开的时候，就发展到1.3万多亩了。

我调回荥经茶厂不久就当上了加工科科长，负责加工技术、人员安排、生产技术指导和生产计划编制。这样，我掌握了从茶叶种植、茶园管理、茶叶收购、加工流程、生产管理、质量监管、计划安排中的全部技能。一干就是16年，直到2000年国有企业改制。

国企改制，民企曙光

同绝大多数的地方一样，在市场经济的冲击下，国营荥经茶厂也停产了，企业改制、职工下岗，许多人都面临如何创业、如何再就业的难题。

2001年，西藏朗赛商贸公司到名山投资建厂，成立名山县朗赛茶厂。董事长次仁顿典退休前是拉萨市的一位公务员，他的女儿、女婿都是茶商，所以他们也跟荥经茶厂打过十多年的交道，上一辈对荥经茶厂很有感情，体制改革的时候曾想买下荥经茶厂，因为各种原因没有如愿，他们便开始在名山筹建朗赛茶厂。因为他们知道我在生产技术方面非常了解,所以聘请我去名山朗赛茶厂负责生产技术方面的工作。

他们从建厂就把相关的事情交给我负责,为了早日建成,我每天睡在工棚里,白天黑夜都在工地上,厂子当年就建起来并投入了生产,投产后产品进入拉萨,受到好评,当时反馈的信息说满意度达到100%,第一年的产量就达到3万担。

我知道传统藏茶是藏族同胞的生活必需品,但是在激烈市场竞争中,要在藏区站稳脚跟,必须开发适合藏族同胞饮用的产品。同时,新的生活方式决定了茶叶的不同消费需求,如何研发出适应不同地域、不同消费层次需求的产品,是一个企业能否生存下去的关键。根据多年的制茶、销茶经验和市场调研,我认为藏茶在藏族聚居区外的销售是一种发展趋势。

在朗赛茶厂,我参与了生产"仁真多吉"牌、"金叶巴扎"牌康砖、金尖的任务。2003年"金叶巴扎"被评为西藏自治区著名商标,2004年获得"茶马古道首届全国名优边销茶金奖",2005年被评为"四川省名优产品",2007年"金叶巴扎"特级藏茶获得四川省第九届"峨眉杯"特等奖,"黑魁"藏茶2008年"获得"雅安市首届斗茶大赛金奖"、2009年获得湖南"首届中国黑茶文化节金奖"。我的制茶技术得到了藏族同胞的认可,藏族同胞们觉得吃到了与来自荥经茶厂生产的茶叶一样好的味道了。

2009年,义兴藏茶有限公司邀请我去开发藏茶新产品。去了不久就搞出了袋泡藏茶,并获得"蒙顶山杯"第二届斗茶大赛组委会颁发的金奖。再回到朗赛茶厂,又继续推动藏茶新品种研究和新工艺的拓展。当时的边销茶存在含氟量偏高的问题。为解决这个问题,朗赛茶厂与四川农大何春雷教授合作,共同开发低氟茶,成功后把一批产品送往康定雅江县的乡村,做封闭饮用测试,半年后检查,效果明显。研究结果表明,一芽三叶青梗子茶最适宜制作康砖茶。后来还同四川农大茶学系杜晓教授合作,研究出便于藏民携带、方便沏泡的藏茶袋泡茶包,获得了四川省"星火计划"奖。

2012年4月,听说三仪集团计划恢复荥经南路边茶的生产,我很激动。在自己出生、成长、生活的故土，能够重燃制茶的炉火，能让荥经康砖香飘藏地，这是我多年萦怀的愿望和情结。回到荥经后，我潜心研制新产品。我把10块芽细藏茶砖送给中国炎尧藏茶公司，在深圳博览会上被评定为"贡茶"，并成为炎尧藏茶公司的当家品牌，定名为"炎尧"牌紧压金花茶。

2013年，三仪集团成立了荥经瑞楠茶业公司，专门搞藏茶开发研究。我主持研制了"瑞吉隆兴""古道红"系列、"新添红""一品藏红""芽细藏茶""紧压康砖"等六个品种，主打品种"一品藏红"和"芽细藏茶"，受到消费者好评。

"瑞吉隆兴"火番饼获得了2013年"第五届蒙顶山杯斗茶大赛"银奖，2014年"第六届蒙顶山斗茶大赛"金奖。2018年11月，我获得了中国（四川）"十佳匠心茶人"称号。

茶人茶事共茶香

我热爱做茶这个行当，熟练掌握了传统藏茶的制作流程，不管过去在荥经茶厂上班，还是后来下岗再就业，都与做茶分不开。为了把藏茶工艺传承下去，我带了五个徒弟，分别学习茶叶评审、收购、加工、销售等工作，通过自己的努力，把"南路边茶（藏茶）制作技艺"这一国家级非物质文化遗产发扬光大。

为了传承南路边茶制作技艺，秉承老字号特有的制茶精神，弘扬悠久的荥经藏茶文化，培养制茶精英人才，通过严格认真地传、帮、带，培养团队精神，对徒弟进行茶叶加工生产实际操作训练，并多次组织、参加各种相关培训。如雅安、成都各地举办的评茶、制茶、斗茶、检验等培训活动，茶文化交流论坛等。在传、帮、带过程中专注藏茶事业的发展，精益求精、严苛执着、关注健康、关怀消费者全方位需求，弘扬茶马古道"背夫精神"，脚踏实地传授南路边茶制作技艺。

茶叶的品质各有千秋，茶叶制作的工艺流程差别也比较大，不同的人制作的茶叶品质各不相同。精细、无堆味、无陈味、无霉味；甘苦平衡，不涩不燥，平正醇和，层次丰富，这是经销商、消费者对我制作的茶的评价。就是因为长时间经验积累，在于不断钻研技术。

"为质量，一丝不苟，是师傅的作风"，弟子赵康亚是这样评价我的。制茶是非常辛苦的职业，雅安藏茶的制作工艺复杂，特别是在春茶出来时，采摘、收购、加工交叉在一起，时常累得让人直不起腰；手工制茶时，炒锅的热量让人双手起泡；要能不被烫，才算得上是技术熟练；不起泡，才能称得上是好的制茶人。

"康砖"是南路边茶的标志性产品，也是过去荥经茶业的当家产品。"兰氏荥泰"是民国时期荥经城内著名的茶号，是继"姜公兴"之后荥经茶商的代表。作为兰氏后人的兰锡国董事长志在恢复传统的荥经藏茶品牌生产，传承家族事业。因我熟悉传统藏茶生产，又有创新精神，我们成了很好的合作伙伴。经过一年多的紧张筹备，荥泰茶业在新添古驿投产了。

我又找到了理想的岗位、理想的地方、理想的归属，一定会继续传承工匠精神，扎扎实实地和"荥泰"一起走向理想的远方。

（采访：周安勇、陈书谦；编辑整理：周安勇、郭磊）

13. 匠心茶人代代传

口述人：明玉兰，女，1963年6月生，四川雅安人。国家级非物质文化遗产"南路边茶（藏茶）制作技艺"四川省代表性传承人，雅安市蔡龙茶厂董事长。

世代藏茶情

从我的祖辈开始，我们明家就与茶叶结下了不解之缘。爷爷明德清，家里是种茶的，旧社会茶采下来就做成毛庄茶，卖给茶庄茶号。记忆中的爷爷个子高高的、身体特别强壮，人也很和善，邻居们都叫他明阿伯。生产季节去茶号打工做茶，没有工可做的时候，还多次背茶包子进康定。他有力气，每次可以背一百多两百斤。雅安到康定路途遥远，来回一趟往往要差不多20天，沿途崇山峻岭、悬崖急流，非常辛苦，挣来的盘缠仅够家里作一点补贴。日子过得很艰辛，但是爷爷常常跟我们说"只要天上还有太阳，再苦的生活也有亮点"。在我们的心中，爷爷是一个很有担当的老人。爷爷的无畏和执着，激励我们在创业中不怕艰难、不怕吃苦。

在爷爷的影响和带领下，我父亲明书华也走上了茶叶的路，他是我们上一辈的老人中比较有魄力和开创精神的一位。二十世纪八十年代，他就带领当地人一起做茶，充分利用当地茶叶资源搞活经济。父亲不仅在当地收茶搞初加工，收购茶叶的足迹还遍布从雅安到洪雅、马边等地方，只要有茶的地方，就有父亲的身影。经过多年的积累，1991年父亲创办起了蔡龙茶厂，为我们打下了比较好的基础，也给我们开启了新的航程。爷爷和父亲两代茶人辛勤劳作、吃苦耐劳的身影在我的心中种下了执着、乐观、责任、创新的匠人精神的种子。

自小在茶园、茶堆旁边长大，对翻抖茶叶、挑拣茶梗、上板蹓茶……这些普通人眼里很枯燥的工作，我都很有兴趣，经常加入大人的队伍，当作"游戏"边玩边做。父亲明书华看到我对制茶有兴趣，也有意无意地带着我一起做茶。但是父亲知道，做茶是一条艰辛的路，毕竟我是女儿，没有让我进茶厂。高中毕业就让我去考乡村民办教师，在乡村教师岗位上10多年，我多次被评为先进个人。

即使在农村教书，我对从小耳濡目染、天天必喝的传统藏茶仍然很有兴趣，并没有随着时间的流逝而消退，只要有时间，包括周末、假期我都会和父亲、和工人师傅们一起参与藏茶制作，他们一丝不苟的匠人精神让我佩服感动，空气中弥漫的缕缕茶香已不单是我的爱好，更是我的生活。

临危受命同心事茶

蔡龙茶厂经过6年多的艰难发展，激烈的市场竞争和微薄的利润终于渐渐支撑不起茶厂的各项支出。到了1997年，由于市场竞争更加激烈，成本也不断上升，茶厂举步维艰，我是明家的大女儿，看在眼里、急在心里，想到应当为父亲分忧，支撑起这个家。但是既舍不得放弃已经干了10多年的教师工作，又不忍心放弃爷爷、父亲几代人坚持的藏茶梦，这样的两难选择使我一时无法抉择。

那年的收茶季节，看着背着茶叶的茶农们天刚亮就在厂门口排队，巴望着将最新鲜的茶叶卖给茶厂，那份渴望和执着让我感动。我决定继承家业，担负起藏茶传承的责任。正式辞去了学校的工作，回到厂里上班，担负起蔡龙茶厂法人代表的职责。

当时厂里资金困难、销售市场不稳定是面临的两大难题。地处农村的厂房没有房产证、土地证，没有固定资产抵押，贷款难成为民营茶厂向前发展的主要瓶颈。只有找亲戚朋友借钱，支付高于银行的利息，暂时缓解当时茶厂资金紧张的问题。

为支持我的事业，丈夫张德仁也在茶厂最困难的时候，辞去了乡政府的工作，回来与我齐心协力办茶厂，并用自己的名字注册了"德仁"牌商标，全身投入，决心办好我们的企业。他负责茶厂销售运营，销售市场逐渐稳定、销售渠道也拓宽到了全国各地。

经过三年多的坚守拼搏，我们成功渡过了难关。虽然企业利润大部分贴了民间借贷，但我们按时足额还款赢得了很高的口碑，相关金融部门也主动上门给我们贷款，企业进入了正常发展的轨道。

雅安撤地设市以后，为了进一步发展，我们于2002年1月申请注册了雅安市德仁茶业有限责任公司，和蔡龙茶厂两块牌子，一套人马，统一经营管理。

传承技艺做好茶

父亲对我们的教诲是"做良心茶人"，这是我们任何时候都不能忘记的。特别是在资金短缺、销售疲软的情况下，我们更加注重产品质量，一点也不敢马虎。在传统"做庄茶"加工过程中，为保留茶叶鲜叶品质，杀青、摊晾以后通常是加班加点连夜蒸制，每晚只能睡两三个小时是常有的事。我们必须经常保持一种手艺人的劳作状态，用"享受"的心态不断重复多达32道的传统藏茶制作工艺，从原料选择，到茶叶加工制作，再到包装存储，每一个环节都事无巨细，严格把关。

其实，我们经年累月地重复杀青、摊晾、渥堆、蒸茶、揉捻、拼配、舂包……每个环节都要严格按照传统加工方法进行。我们正是坚持这样一种执着，做出不苦不涩、清新雅致的各种藏茶。当我们煮上一壶自己加工的藏茶，慢慢品味茶汤的时候，在平淡中感觉甘甜，这往往是我们劳作之余最大的享受。

"茶是直接入口的东西，必须健康安全，不能含糊"，坚守生产健康安全放心茶的理念，是我们蔡龙茶厂的灵魂。从清洁化生产，再到无公害茶园的选择，不符合要求的原料坚决不收。为了有效把控原料质量，我们建立了核心原料基地和产品质量检测化验室。

2007年，我们主动配合、积极参与了雅安市茶业协会、藏茶协会牵头组织的"非遗"申报项目。2008年6月7日，国务院批准"南路边茶传统技艺"列入国家级非物质文化遗产，蔡龙茶厂成为其中的保护单位之一，当年我被评为四川省级代表性传承人。这是对我从事南路边茶加工制作20年的评价和肯定。

传承、保护的目的是为了更好的发展，雅安藏茶具有悠久的历史，一流的品质，经常饮用对人体健康很有好处，我想通过共同努力，把这样的好东西分享给更多的人。多走出去扩大交流，也使我受益匪浅。这些年来，我们先后走访了六大茶类的全国主要茶叶产区，特别是黑茶产区及加工区，走出四川，到湖南、湖北、广西、云南、陕西等黑茶产业集中的地区学习交流，多次参加各类制茶技艺学习、培训，多次参加省内外斗茶比赛活动，获得多项金奖、银奖。

20多年来，我从学习做茶开始，先后担任过技术员、技术总监、总经理、董事长。自始至终坚持父辈传下来的传统制茶技艺，初制、复制、精加工、配料、包装等一系列工艺都十分认真去学习、去践行去传承。

整合资源渡难关

几十年的发展过程中，我们也遇到过不少的困难和问题，得益于各级政府和相关部门的关心支持，同行的热心帮助，我们渡过难关，得到发展。

记得是在2003年，商务部等国家有关部门的领导来雅安调研，提出要以边销茶国家定点企业为依托，进行边茶资源优化配置，做大做强边销茶生产企业，确保民族地区市场供给和民族同胞喝上真正的放心茶。

本来我们是基本符合国家定点企业条件的，2001年就由市政府推荐申报了国家定点申请材料，但是迟迟没有批下来。在市、区经贸委的关心支持下，同时得到雅安茶厂的支持和帮助，我们德仁茶业、和龙茶厂、金船茶业一起，以雅安茶厂为主体，组建了集团公司，分别成为雅安茶厂德仁分厂、雅安茶厂和龙分厂和雅安茶厂金船分厂，各分厂保留独立法人资格，独立核算、自负盈亏，各自承担民事和法律责任。

当年举行了隆重的集团公司成立大会，市委、市政府，市经贸委、市工商局、市民委等单位领导参加会议，罗叔安副市长亲自给我们颁发了分厂牌匾。

随着经济和交通的快速发展，地处南郊场口的蔡龙茶厂被划入了交通道路规划区，很长一段时间遇到了规划和拆迁的困扰，车间不能改造，生产无法扩大。还曾经遭遇了一次火灾，造成一定损失。在困难和问题面前，我们一家人齐心协力，分工合作，脚踏实地地克服困难求发展。

今年正好是蔡龙茶厂创办30周年，我们从无到有，由小到大，总体上稳步前进和发展。目前厂区面积已达到13000多平方米，先后建成可容纳3000吨原料和1500吨藏茶成品的储备库。自主研发分别建成了传统藏茶和新型藏茶两条清洁化生产线，有2台（套）机器设备获得国家专利，有2个自主研发的产品包装获得外观专利，先后有6款产品获得国家、省级评比金奖，9款产品获得银奖，藏茶年生产能力达4000吨以上。

企业先后通过了ISO和绿色食品认证，成为集藏茶生产、加工、销售为一体的全国少数民族特需商品边销茶定点生产企业、四川省农业产业化重点龙头企业，生产的藏茶产品远销西藏、青海、四川、云南、广东、北京、上海等全国20多个省区市。

匠心做茶代代传

立足当下，还要着眼未来。我们唯一的儿子张明是1985年出生的，为了让祖祖辈辈传承下来的藏茶产业后继有人，我们一边让他从小认识茶、爱茶、喜欢做茶，同时为了弥补我们在市场经济专业知识方面的不足，我们引导他高中毕业报考了市场营销专业。2008年，张明大学毕业回到厂里，开始了第四代茶人的传承之路。首先在企业负责销售业务，同时发挥年轻人新知识、新文化的优势，致力于雅安藏茶品牌文化建设，通过"互联网+"以及微信、抖音等新媒体传播方式，大力宣传新型藏茶"各族共饮"，走出传统藏茶品种单调、销售方式单一、销售区域偏小的困境，推动藏茶产品多样化、销售多样化、饮用方式多样化，让我们也看到了雅安藏茶未来发展的方向和希望。

　　一壶南边茶，几代有心人。我们一家四代用心传承"责任、坚守、创新、情怀"的匠心精神，始终如一，赤忱担当，我们相信雅安藏茶产业一定会发展壮大。

（采访：陈书谦、任敏；编辑整理：陈书谦、张明）

14．和睦和谐和龙茶

口述人：甘福琴，女，1940年6月生，四川雅安人，雅安市和龙茶厂创始人，人称"伍妈"；伍仲斌，伍妈之子，1974年9月生，国家级非物质文化遗产"南路边茶（藏茶）制作技艺"雅安市代表性传承人，雅安市和龙茶业有限公司董事长。

伍妈讲过去的事情

我老家在草坝，12岁的时候家里遇到困难，爸妈实在没有办法，就把我送给和龙的甘家了。甘家土地改革时被划为富农，没有儿女，只有两个老人。那时候成立初级合作社，地主富农不能入社。其实甘家祖祖辈辈都是种茶制茶的，当地90%以上的人家都种茶，也加工毛茶。1953年，我13岁就跟着老人们加工茶叶，做传统毛茶。记得每年农历六月做一个月左右的做庄茶，做出来卖给大的茶厂，拼配再加工后才销售到甘孜、西藏去，现在叫砖茶或者藏茶。

1955年建立高级社，地主富农可以申请入社了。我15岁，个子跟大人差不多高，社里知道我会做茶，就安排我去搞加工、炒茶、蹓茶。后来小伙子多了，我就不蹓茶了，主要晒茶、炒茶、装包等。边茶加工是季节性工作，其他时间管茶园、种玉米、栽秧子。玉米秧子下地完了就采茶割茶，茶叶采割加工完了就搬玉米打谷子，一年四季都有忙的。

那时候不做细茶，最近20多年才做的细茶。是从名山那边先发展起来，我们也开始做的。以前要让茶叶长到有红薹梗了才采茶，不用手采，用刀割，有专门的茶刀子连红薹梗一起割下来，一芽四五叶，是做传统藏茶最好的原料。

1984年，农村实行家庭联产承包，我和丈夫一起带着孩子们白天采茶、晚上加工初制。后来开始大量收购鲜叶，初制毛茶卖给国营茶厂。

第二年，我带了六七个人到名山新店承包加工名山茶厂的毛茶，挣加工费。我们收原料来加工，那时100斤叫一担，我一小时做一担，一担茶交3元钱的机器磨损费。后来又到名山永兴供销社做了一季，请工人2元一天的零工钱，除去收购原料、机器磨损、零工工资，大概一天能挣到15元到20元。但是很辛苦，白天晚上都做。

我的冲劲要大一些，我老伴是很实在的人，做事踏实肯干。他原来在草坝农场上班，1960年国家困难时期被压缩回农村来了。

1985年，城里成立了雅安市茶厂。我去卖茶给他们，说是和龙的茶不收。为啥？和龙的茶一直是最好的茶啊。他们说，这里是雅安市的茶厂（现在的雨城区），按计划和龙的茶国营雅安茶厂才能收。没办法，一拖拉机茶又拉到文定街的雅安茶厂去卖。

后来我想到处都在办乡镇企业，和龙这么好的茶，我心焦6个儿女今后的出路，就找乡政府，说想自己办茶厂。乡政府给我写了同意办厂的文件，让我去找上面批。市政府不批，让我找农委。农委主任说，你这个茶厂是批不到的，市政府才建了茶厂，你又要自己建，这是"造反"。找了好多地方，都不批，我都灰心了。还好，有一天碰到工商局局长，局长说没那么复杂，你把申请报告交到工商所办个营业执照就可以生产了。

1987年6月，我领到了"和龙茶叶加工厂"的营业执照。乡镇企业局给我们批了200多平方米的地，我们开始修建厂房、安装机器。那时候没有专门加工边茶的机器。二女婿高中毕业就跟我做茶，他喜欢钻研机器。就让他买铁皮、钢材，自己请人做，我记得第一台机器是在地区建筑建材公司做的。厂房修好就开始收购鲜叶，加工做庄茶、成品茶。当年我们的第一批金尖茶就生产出来了，到年底生产了2万斤左右的成品茶。

茶做好了还得自己找销路。1988年，我拉了第一车茶到康定新都桥，租了一间屋，就在那里卖茶。当时不敢直接进西藏，没出过远门，有点怕。在新都桥卖了一年多，都说我的茶好，就是量不多。当地人口少，一年只卖了一车多两车茶，10吨左右。

头年收原料我是向银行贷了款的，卖了茶回来一算账，所得收入只够支付银行利息。第一年还交了200元的税，第二年交800元，第三年上税6000元……一步一步，我抱着"为儿女闯一条出路"的想法，扎扎实实把茶厂做起来，为今天的发展打下了一定基础。

我总共六个子女，两个儿子四个女儿。大女儿1985年结婚以后就到夫家做种业销售去了，其余五个都先后跟着我做茶叶加工销售，三个最小的与茶叶缘分最深。

1989年，我带着四女儿到甘孜卖茶。租了甘孜工商局一间门面，一车茶5吨，一个星期就卖完了。为什么呢？我们和龙的茶好，100%是本山茶。我想回雅安继续生产，就跟女儿商量：你在这边看门市，跟隔壁邻舍把关系搞好。记得隔壁有一个何孃、一个李孃，我同她们商量，请她们帮忙关照我女儿。就这样，我回雅安搞加工，女儿在甘孜坚持卖了四年茶。以后甘孜县其他卖茶的人都来找我们，要帮我们卖茶，甘孜的市场就这样打开了。

后来，我让四女儿从甘孜又到西藏昌都去拓展市场，只做了一年，就很快打开了市场。她要回来结婚的时候，我让老三、老二去昌都才把她替换回来。

二女儿和二女婿是一起去青海玉树卖茶的，玉树的销量特别大，一年差不多能销两三百万斤，全是边销茶。

2000年，我让最小的儿子伍仲斌去拉萨，进一步了解和开拓市场。他搞得很好，第一年就卖了7车皮茶，一火车皮50吨，第二年卖了14车皮茶，销售额成倍增长。拉萨市场稳定后，才把他调回厂里和他五姐一起管理茶厂。

我们销售增长快的原因是抓好两条。一是保证质量，坚持传统做庄茶工艺；二是薄利多销，根据市场需要以销定产，每条茶18斤、20斤，只有两三元钱的利润。好多时候还要赊账，当然都是固定客户，比较放心，大家都讲信誉。藏族同胞一家四五个人，一年至少两条茶，还有像玉树的寺庙也长期用我们的茶。在激烈的市场竞争中我们活了下来。

这期间也吃过很多的苦，还遇到过骗子，差点被骗。我老伴为人厚道，有一个新都桥的驾驶员，叫马恩齐泰，这个人以前就骗过我们，他没有付钱就把一车茶拉走了。我赶紧找了一个拖拉机，追到新都桥，找到问他把茶拉到哪里去了？他说下到公司仓库里了。我从新都又赶到丹巴，都半夜了，他们把茶堆在一个库房里。我找了他们乡长，乡长说"这个齐泰还骗了我们几千元虫草钱"。在乡长的帮助下，硬是把一车茶追了回来。

2007年，我们厂发生火灾，厂房被烧，损失惨重。当时天气热，有一个吸尘除灰的设备旧了，出口处用一个口袋临时套起，由于粉尘温度过高，把口袋引燃着火。车间吊顶的材料燃起来把房子烧了，幸好没伤到人。好在不是库房，烧了1000多平方米的生产车间。遇到困难，兄弟姊妹纷纷出资，重修厂房维修设备，只用了三个月就恢复生产了。

销售做起来以后我们就扩大生产规模，年年增加产量，为当地农民增收、茶产业发展做出了一定贡献。1997年，我们把和龙茶叶加工厂变更登记为雅安市和龙茶厂，2003年又变更登记为雅安市和龙茶业有限公司。

当地党委政府都很关心支持我们，1993年我被选为妇女代表，参加了雅安市第三届妇女代表大会，农民代表好像就我一个人。1994年，雅安市乡镇企业局、雅安市妇联还给我颁发了"女状元"奖状。

和龙茶厂能有今天的发展，一家人和睦团结是关键。我和老伴一直带着孩子们一起做茶，可惜他66岁那年得了脑出血，75岁就去世了。我们的儿女都很优秀，很团结，不计较，大家分工合作、齐心协力。

岁月不饶人，我年龄大了，社会发展很快，企业需要人才，需要新知识、新技术，需要开发新产品，开拓新市场。所以我有意培养、锻炼他们兄弟姊妹。老五在厂里搞过几年管理，小儿子读书、做茶都很用功，我们商量把家族企业转成股份制公司，大家同意小弟作法人代表。其间儿子被选为徐山村党支部书记，四女婿还从北京的部队退休以后回到厂里代管了一段时间。看到他们互相帮助，我很高兴，很放心，这是我们作为茶人的好传统，我相信他们能把和龙茶业越做越大、越做越好。

任总讲不忘初心，传承弘扬

伍仲斌：再次听了妈妈讲的创业故事，既很感动，也深感责任重大、任重道远。

妈妈文化水平不高，但她一直要求我们踏实做事，鼓励我们努力学习。我从小在厂里在长大，跟随父母学制茶，先后到甘孜、青海、西藏等地搞过销售。一边上班，一边自学，1994年完成了四川农业大学函授学习，1997年回厂担任车间主任，2006年担任副总经理，2012年担任董事长。

在甘孜、青海、拉萨市场调研和销售推广的时候，我走乡串户，了解民族同胞的生活习惯，饮茶习俗，坚持做好详细记录。

1997年主管生产加工期间，我潜下心来，认真研究、整理南路边茶传统制作技艺流程，从鲜叶原料采摘、刀割做庄茶、复制做庄茶以及拼配、舂包、捆包等工艺都进行实际操作。熟练掌握了南路边茶现在称为传统藏茶的加工工艺、关键技术、产品特点、冲泡方法等，尤其对渥堆发酵、拼配、舂包等传统技艺很有感觉。

平时经常和老茶人交流学习，他们以前采茶是用专门的茶刀子割的，叫刀割做庄茶。每年农历六月以后，割回来直接上锅杀青，堆放后第二天翻晒。晒七八成干，拣梗过后，烧柴火在土灶上蒸，蒸好以后两人抬上6米长的蹓板，从上蹓到下，起揉捻作用，然后渥堆、拣梗等"三蒸三揉"工序。和龙乡是本山茶的主产区，传统工艺一丝不苟，要求很高。

2008年，和龙茶业成为国家级"非遗"南路边茶传统制作技艺的保护单位之一。我们在熟练掌握传统工艺的基础上，充分运用"非遗"核心技艺的基本原理，按照"各族共饮"的思路，根据不同区域、不同消费者的饮茶习惯，开发研制出了30多款适合其他地区的人们饮用的，方便、快捷的和龙藏茶新产品。多款金尖茶、康砖茶、青砖茶等传统藏茶、散藏茶、粽子茶等新型藏茶系列产品获得一致好评和各种荣誉。金尖竹条茶荣获2016内蒙古茶博会金奖，汉藏官茶荣获2016年西安绿色食品展金奖，散藏茶荣获2017四川国际茶博会金奖，金砖藏茶荣获2017"蒙顶山杯"、斗茶大赛金奖。其他紧压藏茶、散藏茶多次荣获"蒙顶山杯"、斗茶大赛金奖、武林斗茶大赛银奖等等。

2016年，我获得了2项外观专利和一项发明专利，另有7项发明专利和21款茶叶包装的外观专利申请已被国家知识产权局受理。在保护、传承的基础上有所创新，发扬光大是我们藏茶传人义不容辞的责任。

2017年，我们迎来了建厂30周年的纪念日。经过30年风雨洗礼，和龙茶业从不起眼的小厂发展到四川省级农业产业化重点龙头企业，这是对妈妈和本土乡亲们的最好回报。

7月，我被评为国家级"非遗"南路边茶传统技艺雅安市代表性传承人，是和龙茶业的代表，更是兄弟姐妹的代表。妈妈的率先垂范，亲力亲为，是我们永远的榜样和动力。

10月10日，我们邀请来自全国各地的经销商代表、茶叶行业协会组织，以及全体和龙茶业员工，共同回顾了和龙茶业发展的历史，见证了和龙茶业取得的成绩，同时送上满满的祝福，希望茶农增收、产业发展、社会和谐，和龙茶业也能够更上一层楼。

庆祝活动上，我们发布了龙腾8730藏茶新产品，寓意我们1987年建厂至今30周年纪念，感谢社会各界朋友对和龙茶业的关心和支持。发售纪念茶砖，不在乎卖钱，而在于与更多的茶友分享和龙茶业的历史和故事，品味和龙藏茶的和睦和谐、醇和滋味。

和龙茶业位于距雅安城不远的周公山下，依山傍水，气候温和，土质肥沃，雨量充沛，有独特的高山宜茶生态气候，茶园在雾霭的滋润下孕育出品质优良的茶叶原料，是绿色生态茶的理想基地。企业目前占地1万多平方米，固定员工50余人。我们与高校密切合作，建立了茶叶种植与加工专业实践教学基地，不断在企业文化、品牌建设方面下功夫，规模化、标准化、管理现代化也列入了重要议事日程。

在发展进步过程中，我们不忘初心回报社会。短短5年间，先后遭遇"5·12"汶川地震和"4·20"芦山地震，我们在生产自救的同时，组织向灾区捐款1万余元现金和18万元物资，向西藏寺庙捐赠了5吨茶叶；两次组织职工及茶农向两位白血病小学生捐款；参加公益拍卖所得捐给汉碑小学用于茶文化培训；为北京、广州、成都、贵州、银川等多家会所以及茶博会提供免费培训及宣传推广；年年赠送藏茶慰问孤寡老人。我们的举动得到乡亲们的一致好评。

2018年，企业所在的和龙乡徐山村党员同志们推选我担任了村党支部书记。为了实实在在做好村党支部和全村群众关心的工作，我把企业管理的重担委托给了四姐夫，他在北京的部队退休了，专门回来帮助我们。村里的工作事无巨细，职务不大责任重，干满一届正好撤乡并镇，和龙乡并到了大兴镇，去年又并到了草坝镇。村机构有了比较大的调整，我辞去了支书职务，回到企业专心于我的藏茶事业。

我们一定是不忘初心，传承技艺，弘扬传统，努力推动雅安藏茶真正走向全国、走向世界！

（采访：陈书谦、王雯；编辑整理：陈书谦、谢玲）

15. 蔡蒙旅平，藏茶义兴

口述人：郭承义，1965年10月生，雅安市雨城区草坝人。国家级非物质文化遗产"南路边茶制作技艺"雅安市代表性传承人，四川省雅安义兴藏茶有限公司创始人、董事长兼总经理。

和龙起步做藏茶

我1984年高中毕业以后，到当时的雅安市（现雨城区）草坝乡政府当了林业员，这是计划经济时期农村"八大员"之一。虽然不是正式的国家干部，但也算是捧上了铁饭碗，领固定工资，下乡还有补助，主要任务是整个草坝乡的林业管理工作。那时候的工作要经常下乡，有机会接触农村、农业、农民的诸多事情。其中，种茶、制茶一事让我很有兴趣，多次到草坝的幸福茶厂看师傅们做边茶。在与制作边茶的师傅们交谈中我了解到，雅安边茶企业在每年10月前后，一般要从宜宾、自贡、乐山等地把大量做成的毛庄茶一车一车运到雅安，然后交给国营茶厂。

其实，我对边茶行业一直都不陌生，父亲在旧社会也做边茶。两个舅舅李锦坤、李锦章兄弟也一直都从事边茶行业，李锦坤在康定负责茶叶销售，李锦章在雅安茶厂搞加工生产，厂址先在草坝，以后扩建合并至城区的文定街。

我从小就喜欢读中医和保健方面的书，无意中为后来从事茶叶生产，对于药食同源及茶叶保健功效的研究运用打下了基础。有一年小舅从康定回来，和我讲了很多关于茶叶和藏地的事情。他说："茶叶是生活在青藏高原少数民族同胞的生活必需品，流传的谚语是'宁可三日无粮，不可一日无茶'。"小舅讲的故事对我进入藏茶行业起到了决定作用。

1985年，先是在和龙跟着伍妈做边茶鲜叶初加工，1986年几个人合伙到名山县永兴镇承包过一个初制加工厂，生产做庄茶半成品；1987年开始在和龙乡筹办边茶春包厂，生产成品边销茶。

本来1985年我们就想在和龙办茶厂，打算是一边做边茶初加工，一边了解申报办企业的流程。由于以前的边销茶国家实行统购统销，1983年边销茶放开以后，地方政府在政策落实上还处于保守状态，申办边销茶企业难度非常大，在那个年代可以说经历了重重磨难。首先是跑手续，花费一年多的时间都没有搞成，有人说是"跑断腿磨破嘴"。虽然辛苦，但收获还是有的，这就是逐步了解到工商行政管理部门很支持个体企业，并了解到了办理工商营业执照等相关手续的程序。

在这期间，我还多次拜访雅安市（现雨城区）市长时邵玉，他说领导小组开过会，办绿茶加工厂没问题，但是边茶厂不能批。后来又找雅安地区乡镇企业局，局里说可以办，让我们去找下一级的雅安市（现雨城区）乡镇企业局。和龙乡政府很支持，书记和我们一起去找市政府，还是没有批下来。

直到1987年，我们才在工商管理部门的支持下把个体营业执照办下来，注册企业的名称是雅安市和龙茶厂。

我们一开始在和龙乡收做庄茶，当地有很多搞初制的，全是做庄茶。过了两年才开始收购下河茶，跑到宜宾、沐川、乐山、洪雅去收茶。那时候加工边茶原料，也就是毛茶，在当地制作毛茶的小作坊很多，都不采细茶（嫩度较高的原料）鲜叶，一年只采一季。时间大约在端阳节前后茶叶长出红薹才开始采摘，是用刀割，又叫刀割做庄茶，茶叶质量很好。记得在和龙第一年只生产几万斤，以后才增加到几十万斤。一边搞生产，一边自己做一些加工机具，减轻劳动强度。

中国藏茶文化口述史

蔡山脚下建雅龙

1991年，我开始到青海玉树去搞销售，开茶店卖茶，主要卖本厂生产的茶叶，也卖些烟酒副食。那时候市面流通的南路边茶大多是国营茶厂的"民族团结"牌。但因为"和龙"牌金尖茶品质很好，很受欢迎，销售越来越好。

1992年邓小平南方谈话之后，又掀起新一轮的改革热潮。1994年回雅安后正好遇上和龙乡的一个酒厂破产，抵给了信用社。酒厂很宽敞，地址就在周公山脚下的公路边上。大禹治水成功祝捷祭天的"蔡蒙旅平"所说的"蔡"就是现在的周公山，"蒙"就现在的蒙顶山。周公山和蒙顶山的茶叶原料叫本山茶，是雅安藏茶最好的原料。1995年我就用酒厂的地盘成立了雅安市雅龙茶厂，注册了"雅龙"牌商标。

我们做茶很认真，雅龙茶厂成立后，产量一直走上坡路，第一年只做了几十万斤，第二年就上了一百多万斤，第三年两百多万斤，后来维持在年产五百多万斤，直到2006年。产销量大，仍供不应求。

2004年，我到峨眉山双福镇开办了雅龙茶厂双福分厂。峨眉山双福镇也是茶叶主产区之一，有大量的边茶原料，在那里就地生产，减少原料运回雅安的运输成本，同时双福镇距离火车站很近，运输很方便。两个厂共4个春包机，一个星期就能生产一个火车皮的边茶。就这样，双福分厂生产的边茶销往西藏，雅安总厂生产的边茶销往甘孜。

2006年，我们一共生产了550多万斤茶，年产销量算雅安最大的。这样有人眼红了，写匿名信上告，说双福有个"黑工厂"，一封告到四川省质检局，一封以"高原藏民"的身份告到拉萨市质检局，说吃了雅龙茶拉肚子。省质检局正在开会整顿边茶，直接就来双福把茶厂封了，现场抽样。检测结果出来是合格的，仅仅茶梗超了3%。后来要结案，质量合格，证照齐全，就象征性地罚了300元钱。拉萨质检局也去现场抽样，检验结果也合格，说告发内容太夸张，就没有处罚。这一告一查反而提升了雅龙茶厂的知名度。川藏两地质量检查的结论既是对产品质量的肯定，也是雅龙茶厂生产放心茶的最好宣传。

蒙山之麓创义兴

由于峨眉山双福的茶厂是租用当地粮站的场地，属国有资产。2006年当地政府要用粮站的土地建敬老院，要求我们搬家。没有办法，我只好另外找地方。当时，名山区新店镇茶叶发展很好，又属于蒙顶山茶产区，当地乡政府很欢迎，帮我协调土地新建厂房。当时没有土地指标，只能向农户租用。共租赁了18.5亩土地，办完手续后就开始建厂。最先取名是蒙帝斯茶厂，办了营业执照，员工们都说"蒙帝斯"这个名字不好，容易联想席梦思，我决定另外取名字。

后来我们确定注册"四川省雅安义兴藏茶有限公司"。为什么取名"义兴"呢？这一名称来源于"义兴（隆）茶号"，一个有着深厚历史文化传承的老字号。茶叶是我们的传统产业，讲究历史传承和茶文化。我的师父李文杰经常谈论南路边茶史上著名的茶号——义兴（隆）号。在旧社会师父从小在义兴（隆）茶号学习藏茶制作技艺，后来成为义兴（隆）茶号的技术骨干。他把一生积累的藏茶制作书籍资料传给了我。为了使义兴（隆）茶号藏茶制作工艺永续相传，所以决定将在新店镇新建的茶企改名为"义兴"。2009年公司成功注册"义兴茶号"商标，成为我倾力打造的藏茶品牌。我会用毕生的心血让"义兴茶号"这一品牌重现往日的荣光，书写新时代的辉煌。

创建义兴之初，我们既遇上了最大的困难，也遇上了最好的机遇。公司在2007年开始建设新厂房。主体工程还没有完工，就遭遇了"5·12"汶川地震。雅安是六大重灾区之一。抗震救灾成为公司重中之重的紧迫任务，我们停工4个多月。紧接着筹集资金，灾后重建，这是我们最困难的时候。

那两年也是我们藏茶产业机遇最好的时候。2007年起，市委张锦明副书记亲自抓茶产业，非常重视藏茶生产销售，专门要求成立了雅安藏茶协会，推动藏茶产业发展。组织了很多次"藏茶内销""各族共饮"的宣传推广活动，我们积极参与了协会组织申报"南路边茶制作技艺"国家级"非遗"保护的工作。

我们还在雅州廊桥搞5·12抗震救灾义卖活动，企业出茶、销售收入全部

中国藏茶文化口述史

捐给重灾区；在温州商城搞免费请雅安市民喝藏茶的活动，当时当地人一般不喝藏茶，茶楼里面也不卖藏茶；过春节前，专门开展送藏茶进机关，请机关干部带头喝藏茶；还有与雅安中医院合作，开展饮用藏茶对高血脂病人的临床调查活动等。通过这些活动，本地消费者对雅安藏茶有了一定了解，藏茶知名度有很大的提升。

当年我们的新厂虽然还没有建起来，又遇到灾后重建，但是我们雅龙茶厂还在生产，我们积极响应协会号召，千方百计参加这些活动，一次也没有缺席。通过这些活动，我们也受益匪浅，参与过程中了解到消费者喜欢什么样的产品，什么样的价格，什么样的包装，我们就有针对性地开发新产品，扩大销售。

那时候西藏、甘孜的消费者对边销茶的需求也发生了很大的改变，其他地区的市场也迅速扩大，提高藏茶原料的嫩度，粗茶细做成为新型藏茶的发展趋势。我们转变观念，研制开发的藏茶新产品外形、口感也得到内地消费者的认可和喜爱，藏茶市场的拓展为藏茶发展注入新的生命力，拓宽了销售空间。新厂建成以后，我们开始减少传统边茶的生产，产量逐渐减少，新型藏茶花色品种越来越多。

如今，"义兴茶号"发展已经初具规模，工厂位于蒙顶山东麓的名山区新店镇成温邛、成雅高速公路及国道318线交汇处，就在宋代茶马司遗址所在地的旁边。固定资产投资1250万元，建设厂房占地面积1.5万平方米，建成四条生产线：两条边销茶生产线、两条青砖茶生产线，后又陆续建成多条先进的藏茶生产线。每年收购毛茶600万斤以上，约合4万亩茶园所生产的边销茶原料。产品年生产能力达8000吨，销售到国内的西藏、青海、四川、内蒙古、北京、上海、广州、台湾，以及出口到东南亚等地市场。

投入科研获殊荣

在稳步提高藏茶产量和质量的同时，我们继续科技探索，开始寻求机遇与四川农大合作搞藏茶科研，从科学的角度来探索藏茶的健康奥秘。

我们与四川农业大学茶学系许靖逸副教授合作，对藏茶成分和功效进行科学研究和实验。通过建立便秘大鼠模型，研究雅安藏茶、低聚木糖以及二者的复配物对便秘模型大鼠的润肠通便作用。实验结果表明：雅安藏茶、低聚木糖及二者的复配物，均能够增加大鼠排便次数和质量，软化粪便，促进便秘大鼠小肠的蠕动，促进肠道内有益菌的增殖，抑制有害细菌的生长；且雅安藏茶与低聚木糖具有协同通便效果，其通便效果与复配物质量浓度有关，总体以低聚木糖组与雅安藏茶复配高剂量组效果最好，其效果达到或优于阳性对照物番泻叶，并能使便秘大鼠的排便功能恢复至接近正常对照组。雅安藏茶、低聚木糖及二者的复配物均具有润肠通便的作用，且对维持肠道菌群的平衡具有很好的作用。这一科研成果在《食品科学》2015年第1期发表。

后来，许靖逸副教授还进行了藏茶抗氧化、抗辐射的实验，也取得满意成果。

在掌握和传承传统工艺的基础上，运用现代科技和中医理论研究藏茶生产工艺和配方，使藏茶生产技艺和养生保健功效极大提高。近年来先后申请了3项发明专利和4项实用新型专利。2013年1月获得保健茶发明专利证书，专利号zl201110080126.0，2014年8月获得茶盒外观设计专利证书，2012年7月获得一种旋转式紧压茶连续成型机发明专利证书，2011年11月获得包装瓶实用新型专利证书，并获得"便秘保健茶"专利，同时研发了"降糖保健茶""降脂保健茶""降压保健茶"等新产品，受到广大消费者的普遍好评。

我们在继承"义兴"传统藏茶工艺的基础上，运用现代科技搞研发，还成功开发生产袋泡茶新产品，为全国人民提供优质藏茶饮品。

我们还积极参加省内外各种茶叶评比活动。2010年"义兴茶号"牌圆饼藏茶获得雅安市第二届"蒙顶山杯"斗茶大赛金奖；2011年公司被评为农业产业化经营市级重点龙头企业，义兴茶号散藏茶获得雅安市第三届"蒙顶山杯"斗茶大赛金奖；2015年"义兴茶号"荣获四川省著名商标；"义兴茶号"牌古道黑金砖茶获得北京国际茶业博览会金奖、古道金藏·竹篾条茶

中国藏茶文化口述史

（200克）获得香港国际茶展季军；2016年"义兴茶号"牌古道秘藏获得第十七届中国绿色食品博览会金奖；2017年4月"义兴茶号"牌系列产品被评为中国绿色健康食品；2018年获得边销茶定点企业资格；2019年3月，公司被评为四川省"十大茶叶企业"，"义兴茶号"牌古道金藏黑金砖茶被评为中国十大茶叶区域公用品牌蒙顶山茶首届年度"十大茶叶创新产品"，7月"义兴茶号"商标获得中华品牌商标博览会金奖。

我个人也于2018年1月在第三届四川茶业经济年会上荣获"四川省制茶大师"称号。

研发设备再升级

自义兴藏茶公司成立以来，我们在生产设备方面积极开展自主研发，土法上马，先后获得三项发明专利和四项实用新型专利。在管理上突破传统理念，在生产上创新生产技术提高劳动效率，降低员工劳动强度，实现了节能减排。我特别喜欢自主研发生产设备，义兴公司的许多生产设备都是自行研发的，其所研发的设备能将生产效率提升4倍以上，有的设备获得专利。

义兴公司在硬件和软件设施方面做了很大的技改投资。在藏茶研发、检测化验设施、生产设施方面做了较大改进，公司具有自主质量检测能力。义兴藏茶有限公司采取"公司+基地+农户"的经营模式，基地有农户2100余户。基地原料产量占公司原料收购总量的31.5%。为保障藏茶产品质量，公司把基地作为第一车间管理。在茶叶田间管理中，把农户养殖牲畜的肥料和养殖专业户肥料作为茶叶绿色有机肥，公司给以资金和技术支持。严控农药化肥施放，农药以无公害农药为主，在农药化肥施用过程中公司都要派专人进行管理指导。

规范管理续新章

义兴藏茶公司的企业文化是以弘扬茶马古道"背夫精神"，作为自己的企业文化。背夫精神就是"吃苦耐劳、坚韧不拔"，不达目的不罢休的精

146

神。在长达一千多年的岁月里、在绵延几千里的川藏茶马古道上，一群群背夫、一队队马帮，将一包包藏茶源源不断地运至世界屋脊青藏高原。他们忍饥挨饿、饥寒交迫，用汗水和生命谱写了藏汉人民的民族情谊。背夫的背影已经远去，融入漫漫历史长河中，但是背夫们的精神将长存。

公司坚持以振兴藏茶产业为己任。以诚信为宗旨，以质量为生命。遵照"做食品就是做良心"的要求，设置产品检验员，严格检验每一道工序、每一批产品，坚持检验全覆盖，不合格产品不出厂。由于公司严格管理，产品品质有保障而获得了一定的荣誉。

光阴似箭，日月如梭，转眼之间我从在和龙学习做茶到今天已走过35个年头，从蔡山脚下的雅龙茶厂独立创业，到蒙山之麓的义兴藏茶持续发展也已整整25年。有创业的艰辛，有失败的苦恼，有得到进步的欢乐，也有取得成功的喜悦。从简单的毛茶加工到新产品开发，从个体企业到有限责任公司；从单一生产传统边茶，到今天几十个品类的新型藏茶；从个人单打独斗到义兴团队的健康成长……我也从年少气盛的青壮年，步入了中老年队伍。

企业走到今天，我们面临如何从家族企业，走向现代企业；如何从简单粗放的管理模式，转向建立现代企业管理制度；如何从中小型边销茶企业，走发展壮大，真正实现转型升级之路……这都是我经常思考的问题。

最近几年我也做了一些探索，首先是对公司结构进行了初步的框架设计，设立了董事会，生产部、销售部、研发部、培训部、后勤部等机构，使公司逐步成为具有现代企业管理制度的优秀企业。我们在获得荣誉和成就的同时，不断地坚持技术创新。经过多年打拼的"义兴茶号"虽然初具规模，但是事业如同逆水行舟，不进则退。因此绝不能停下创新的脚步。

蔡蒙旅平，藏茶义兴，我从蔡山脚下的和龙、雅龙茶厂起步，走到蒙山之麓的义兴藏茶公司，一定不忘初心，继续砥砺前行，传承好老祖宗留下的藏茶产业，为乡村振兴贡献力量。

（采访：郭磊、王自琴；编辑整理：郭磊、陈书谦）

16. 守护本山茶，传承匠人心

口述人：张荣蓉，女，1972年1月生，四川雅安人。国家级非物质文化遗产"南路边茶（藏茶）制作技艺"雅安市代表性传承人，四川雅安周公山茶业有限公司董事长。

千载茶山润茶心

我出生在周公山下青衣江畔的雅安市雨城区草坝镇周山村，这里是传统藏茶主要的核心原料基地之一。我生在茶山长在茶山，从小跟着父辈和乡亲们种茶、制茶，饮着羌江水，闻着藏茶香，我对藏茶充满依恋和情怀，我们的企业和茶园也在这片美丽富饶的山中成长和发展。

周山村以前属和龙乡，后来撤乡并镇到了大兴镇，2019年10月又从大兴镇划到了草坝镇。

周公山原名蔡山，《尚书·禹贡》"蔡蒙旅平，和夷厎绩"就记载古时候大禹治水经过这里，把蔡山、蒙山之间的道路修好了，和夷民族居住地区的水患治理也取得了成绩。"和龙"的地名是不是与这个传说有关，要由专家们来调查考证。

后来又传说三国时蜀国丞相诸葛亮南征，住在蔡山山麓，晚上梦见周公传授计谋，按计而行，南征大获全胜，后人就将蔡山改名为周公山，以作纪念。

周公山最高海拔1721米，产茶历史悠久，这里产的茶称为本山茶，是国家级非物质文化遗产南路边茶即传统藏茶最好的原料。以前川南、川北，甚至重庆、贵州的毛茶都要运到雅安，拼配一定比例的本山茶原料，口感会更好。我们的本山茶园多分布于海拔1000米左右的高山上，具有高山云雾中出产的好茶的显著特征。

俗话说靠山吃山。得天独厚的自然条件使我们周公山麓一带的农户自古种茶、制茶，我们家也祖祖辈辈在这里种植和加工边茶，山坳里至今还保留的先祖留下的老茶树常年与巨石溪水为伴，沐浴云雾，集天地灵气于绿叶中。

小时候，我们和大多数产茶山区一样，家庭是比较贫困的。穷人的孩子早当家。在家庭和环境的影响下，自从能记事起，除了上学读书，我几乎把所有的时间都投入到跟随父亲学习茶园管理和茶叶加工的实践当中，也逐步养成了对茶的浓厚兴趣。

毕业以后我就在父亲的带领下学习茶叶加工。初制毛茶加工是季节性的，每年只在6、7月份加工一个多月的时间，经过持续7年的实践，我熟练掌握了南路边茶传统技艺的各个工艺流程。在制茶实践的过程中，我更多地学习了南路边茶发展传承的历史，更加深刻地领会了雅安藏茶的文化、技艺与魅力，逐渐认识到茶叶已经不仅是童年时代的嗜好，成年谋生的技能，更是我发自内心要去从事的一份事业。植根在我血脉中的藏茶情怀始终存在、日益强大，使我难以割舍。在父亲的带领和支持下，我从藏茶生产、销售和经营一路走来，始终记着儿时藏茶泡饭的滋味，记着柴火锅内的茶香，记着蹓茶板上与父亲一起劳作的辛劳，也记着乡亲们对传统藏茶制作工艺质朴的坚守，激励着我对制作健康藏茶、传承藏茶文化的热忱、质朴、诚挚的匠人心。

技艺传承结硕果

在计划经济时期和改革开放初期的十多年里，我父亲张光烈制作的南路边茶，传统叫做庄茶原料，都是按照要求为当时的国营茶厂加工，由国营茶厂统一收购。父亲是远近闻名的制茶能手，加工的做庄茶经常作为交流学习的样板。

中国藏茶文化口述史

后来茶叶管理政策放开了，仅仅制作原料茶不是长久之计，在父亲的坚持和努力下，1992年5月，我们自己成立了雅安市周公山精制茶厂，将自己精湛的传统藏茶制作技艺用于实际生产中，并于1994年注册了"周公山"商标，开始生产传统藏茶销往西藏等地。

1995年，为了加强对销区市场的了解，适应销售市场的需要，父亲派我到西藏昌都销售藏茶，毕竟藏茶是我们张家祖祖辈辈的传统产业，加之我在父亲的影响下，已经深深地爱上了藏茶。于是我到西藏昌都专门负责藏茶销售，调查了解市场信息，考察市场对我们藏茶产品的反馈意见，进一步搞好加工，拓展藏茶销售。

后来，父亲担任了周山村的党支部书记，村里的大小事务，厂里的生产，家里的事情都是他在操劳。2000年，他有意给我加担子，让我担任茶厂的厂长，我在做好市场销售的同时，开始思考谋划茶厂发展的长远之计。当然，父亲仍然是家里的主心骨、茶厂的顶梁柱。在他的关心支持下，我将自己在昌都的市场信息与生产实践相结合，我和父亲一致认为，一定要生产健康、口感好、品质优良的藏茶。

2004年，我担负起茶厂全部重担。安排生产、联系销售。我们坚持从源头做起，首先管好茶叶基地，坚信有好的原料才就能生产出好的藏茶。邀请茶叶专家到村、到社、到茶园基地对茶农进行绿色产品管护培训，让农户掌握管理要点和方法，提升茶叶原料品质，促进农户增产增收。改建、扩建厂房，建立现代化、清洁化藏茶生产线，坚持传统工艺，做品质藏茶。

2008年6月，经国务院批准，南路边茶（藏茶）制作技艺被列入国家级"非遗"名录，我们企业成为保护单位之一，2018年我被认定为"非遗"代表性传承人。父亲听到这个消息非常高兴，他说自己做了一辈子的茶，能够看到我们的生产技艺受到政府肯定和保护，消费者热爱，才不枉祖祖辈辈对南路边茶制作的传承。传承"非遗"技艺，生产品质藏茶，是他一生的梦想，也是我将继续践行的理念。

管好茶园做好茶

传统藏茶的核心制作技艺之一是做庄茶制作，品质的关键在于原料。做庄茶制作离不开周公山脉本山茶核心基地生产的好茶青。

我们坚持从鲜叶到成品的全程把控，牢牢把握鲜叶质量，保证本山茶原料的质量和规模。自小在周公山长大，祖辈在周公山山坳中的自有茶园，但远不足以支撑企业的长久发展。经过调研和考察，我们下决心把企业建设成为集茶园、生产和销售为一体的龙头企业。在自有茶园的基础上，我们向周边农户流转百年左右的本山茶园，并抓住退耕还林政策机遇，采取"公司＋基地＋农户"的合作模式，同农户建立稳定的协作和经济联系，带动群众发展标准化茶园，提高茶农建园种茶的积极性，稳定发展传统藏茶原料基地。我们先后建成周公山本山茶核心茶园3块，分别是二道岩茶园、九龙山茶园和马达山茶园基地，共计1196亩。

这里气候优越，雨量充沛，土壤肥沃，生态环境优良，特别有利于保持茶树优良性状和遗传特性。其中二道岩茶园基地是出产最具本山茶优良性状的原料的一块老川茶茶园，位于周公山山脉中部的一处山间小峡谷内，是现存不多的老川茶茶园。老川茶的窝子茶，茶树整体形状是圆形，适应环境能力强，它们能生存在其他茶树不能生存的地方。这里的老川茶根部发达，能伸到石缝中，正如陆羽在"茶经"中说的"上者生烂石"。这里光照充足，生态环境优良，周边无任何污染，成就了我们的藏茶"红、浓、陈、醇"的优良品质。

本山茶核心基地位于周公山麓海拔800～1200米的坡地上，基地土壤肥沃，具有最适宜茶树生长的自然生态气候，保留培育的四川中小叶群体种等老川茶茶树，辅以太阳能杀虫灯等生物防治绿色管理模式，产出的茶叶原料品质优良、绿色生态，经省市项目组评为"高山生态茶树资源基地"。

目前周边共发展本山茶基地5900亩，带动农户发展茶园2.5万多亩，成为当地农民增产增收的主要来源。本山茶核心基地经中央电视台和多家省内外电视台宣传报道，引起广泛关注，成为知名的茶旅融合打卡地，吸引上海、广东、重庆、河北、四川等地的高校、行业组织、茶商茶企前来参观交流。

不忘初心，带领茶农同发展

周公山茶厂的生存和发展，和当地乡亲的合作支持分不开。我们始终把茶厂当成大家共同的企业。

作为一名基层的共产党员，怎样发挥先锋模范作用？我的体会，一是带头示范，二是真诚服务，让老百姓真正感到听党的话跟党走，就能脱贫致富过上好日子。于是在与农户建立茶园管理合作基础上，也返聘茶农进行茶园管理、藏茶加工，帮助茶农脱贫致富。2006年起，我被评为雅安市、雨城区的妇女代表，雅安市、雨城区党代表，省三八红旗手。这些荣誉是对我做好藏茶产业的高度认可和鼓励鞭策。

藏茶加工制作特别是做庄茶加工制作十分考究复杂，当地农户有传统的制作习俗。鲜叶传统刀割采摘后，要经过锅炒杀青—扎堆—晒茶—蒸茶—蹓茶等主要环节，进行反复细致地加工。返聘茶农进行藏茶加工，解决了茶农的就业与发展问题，经过实践取得了良好的双赢效果。

与此同时，我们首先结合企业发展进行技术帮扶，定期为企业长期聘用的当地农民工开展茶园管理、茶艺、南路边茶制作技艺等培训，教会茶农知识，提高他们的劳动技能，促进其创收增收。其次，保护、传承，认真学习研究传统技艺，运用技艺原理，开发研制新型藏茶产品，促进员工增加收入。近年来更是将"非遗"文化传承、茶旅融合等结合起来，在春茶旅游旺季开展茶山旅游与研学，促进茶乡多种形式发展和创收。

随着茶园基地的扩大，企业也得到了快速发展。2006年，我们取得了生产许可QS认证，后来改为SC认证；2016年获得了绿色食品认证；2017年被认定为藏茶文化社科普及基地，藏茶产品被列入农业部2017年度全国名特优新农产品目录；2018年被列入全国边销茶定点生产企业和四川省农业产业化重点龙头企业。

2014年，为适应市场和发展的需要，进一步规范企业管理，我们把雅安市周公山精制茶厂更名为四川雅安周公山茶业有限公司，对车间、厂房进行了清洁化改造，扩建厂房800多平方米，改建厂房1300多平方米，增添茶叶加工生产设备5台，得到了藏茶行业的支持和认可，由我们承办了第一次雅安市南路边茶（藏茶）清洁化生产现场会议。

根据生产需要，我们不断对设备、设施改造升级，更新理念，注重企业社会责任感，打造有创新理念的藏茶企业，把绿色、生态、环保的健康饮品带给藏茶爱好者。公司以"严格管理，诚实守信，顾客至上，科学发展"为宗旨，从最初的周公山精制茶厂家族作坊式的生产到省级重点龙头企业，我们经过了三代人近三十年的奋斗和努力。

为了弘扬、传播藏茶文化，公司的茶马古道浮雕墙展示千年汉藏贸易的传奇，深深印刻下了周公山藏茶的历史印记。2015年，我们耗资40多万元，建设了以茶马古道为主线，传统藏茶制作技艺为主要内容，长34米，总面积达128平方米的"周公山茶汉藏情"历史文化浮雕墙，再现国家级"非遗"南路边茶的制作、运输、销售全过程，对保护、传承、弘扬、推广藏茶文化起到了非常好的作用。

2016年，我们研制成功砖茶电子自动称茶机，解决了人工称茶不精确的问题，提高了生产效率，稳定了产品质量，成为传统藏茶生产的一次创新突破。

我们开发研制新型藏茶系列产品，极大地促进了公司的生产能力和市场占有率。目前生产不同形状、不同规格的紧压藏茶、散藏茶、工艺藏茶、袋泡藏茶以及传统康砖茶、金尖茶等多个系列产品，市场销售区域已拓展到北京、上海、天津、广东、辽宁、山东等地。

后继有人创新发展

我儿子张雅博出生于1993年，从小在茶山茶林中长大，对茶叶有与生俱来的认知和感情。祖祖辈辈传承下来的事业要得到弘扬发展，文化知识必不可少。儿子从读中学起，每逢周末和假期，我都会让他参加厂里的生产劳动，有意识地让他接触和了解南路边茶传统工艺。2011年6月起就开始将南路边茶技艺系统地传授给他，目前他已基本掌握南路边茶的工艺流程。受祖辈们的熏陶，他对茶也十分感兴趣，在学校里也经常收集整理关于茶叶的相关资料和信息。

2015年，他毕业以后回到厂里，加入了藏茶生产销售的团队。一边上班一边学习各种茶叶知识，参加各项理论培训，当年就考取食品检验三级职业资格证书，2016年9月考取茶叶加工三级职业资格证书，2018年7月考取定量包装检验证书，2020年5月考取绿色食品内检员证书，2020年8月考取评茶员职业资格证书。

他负责设计的藏茶竹篼包装盒美观大方，获得了国家外观专利证书；还申请了公司"南路边茶民族团结浮雕历史文化墙"的美术作品版权。

我们放手培养年轻人，由张雅博负责企业宣传。2016年组织专业团队对公司核心原料基地进行航拍。由于气候等原因，拍出的效果不佳，他索性购买了一台无人机自己拍摄，只要天气好，就自己到茶园拍摄，还自己剪辑制作成茶园基地宣传片，在公司电视和网络平台上播放，还把茶园照片制成公众号文章发表，起到很好的宣传作用。

经过他的努力，茶园实现了远程监控管理。我们的茶山可以说山高路远，如果不能随时看到实时画面很不利于管理。他通过网上查阅资料，咨询摄像头制造厂家的专业人员，在没有电的地方，通过拉线接电和太阳能供电的方式解决了供电问题，使公司三大茶园基地随时都可以在手机上看到实时画面，现代网络通信技术大大优化了我们的管理水平，"非遗"传承跨上了科技进步的快车道。

在产品开发上，他也积极肯干、努力创新。在挖掘传统藏茶产品技术的基础上，他添加桂花等加工调味藏茶，丰富了藏茶的品类和味觉，对销售起了积极的作用。在工艺配饰方面，不同于以往的藏茶小圆饼挂件，他提出并研制出藏茶工艺饰品——茶珠配饰，可以制作成车挂、腰挂、手串等，让藏茶的陈香融入百姓生活之中，在行业中极具创新性。

周公山藏茶，是传统与先进技术结合的结晶，我们建了一条现代化的生产流水线，进行规模化、清洁化生产，既保留传统手工制茶工艺的精髓，又加入了时代变化的新元素，在保证古老做庄茶传统风味与品质的同时，提升了新型藏茶的产量和质量，适应二十一世纪的广大群众消费需要。

目前，我们家世代相传的藏茶制作技艺得到了弘扬和发展，古老的藏茶和先进技术的有效组合，产品赢得了广大消费者的喜爱。在传统销区西藏、青海和四川甘孜、阿坝等省地区，市场越来越广阔；在京上广深等一线城市，我们的产品也受到很多消费者的好评和喜爱。我们相信，藏茶遍及全国、走向海外应该为时不远，我们一定继续努力，为藏茶产业的美好明天作出新的贡献。

（采访：陈书谦、王自琴；编辑整理：陈书谦、张雅博）

蒙顶

蒙山顶上茶

揚子江心水

茶馬司

第三部分

藏茶文化
研究与传播

17. 南路边茶口述史田野调查回忆
——缅怀我的恩师杨嘉铭教授

口述人：谢雪娇，女，1983年6月生，藏族，四川理塘人。西南民族大学民族学与社会学学院、西南民族研究院党委副书记，民俗学硕士。发表《南路边茶制作工艺的变迁与保护》《南路边茶传统制作工艺及其变迁研究》《少数民族民俗节庆旅游管理初探—以理塘县"八一国际赛马节"为例》等论文7篇。

痛悼吾师

2020年1月19日，星期日，突然从师姐处得知嘉铭老师因病离世，顿觉茫然无措，眼泪突涌。在19日晚为老师守灵的时候，师姐说老师不想让弟子们为他担心，所以将病情瞒过了所有人。我才联想到去年下半年两次联系老师，想上门去拜望，给老师送几本关于南路边茶的新书。老师在电话里还中气十足地说，最近忙着社科重大项目，不在家，你把书给在家里的师母就行了。当时听老师说接了重大项目，就想一定肯定很忙，也没有多在意。其实，与老师通电话的时候，他老人家已经在医院里与病魔做了很长时间的斗争了。这一不在意，竟连最后一面也没见上，便与老师天人永隔，来不及尽上最后一份为人弟子的孝道，真是痛苦万分。

老师为人，正如石硕先生与周爱明先生纪念文章中说的那样，是一位朴

中国藏茶文化口述史

实无华，胸襟广大，勤勉不辍，对藏文化充满热爱的真正的学者。对我们这些调皮懵懂的学生，老师从来没发过脾气，极力教导、扶持和包容，甚至衣食住行亦关怀备至，在学问上、在为人上，用自己的一言一行潜移默化地影响我们。老师从不讳言自己的经历，他没上过大学，但开过大卡车，当过建筑公司经理，曾自嘲"当过包工头"，老师完全凭着对家乡文化的热爱与坚忍不拔的意志自学成才，成为藏学界屈指可数的大学者。哀哉，痛悼吾师！

情系藏茶

记得2008年"5·12"汶川地震刚过去半年，老师忧心雅安南路边茶的现状，同时也为了锻炼学生，毅然接下了《南路边茶制作工艺及其汉藏文化认同研究》口述史项目，我的硕士论文选题也由此而来。

在赴雅安做田野调查前，我们这些学生既担心是否会有余震，又不知道这个口述史调查该怎么做，可以说完全茫然无措。老师一边笑呵呵地安慰我们，说地震已过半年，这次调查对象集中在雅安市雨城区、天全县和上里镇，不用担心安全；一边又开始逐字逐句指导我们写调查提纲。首先需要采访哪些人，比如新中国成立前或新中国成立初的背茶工、雅安茶厂（私营）老板、茶厂退休的老工人、雅安茶叶种植的老茶农、雅安老茶商，后来陈书谦老师总结说是"五老"；另外还有南路边茶开展降氟研究的人员、雅安当代茶企业厂长、雅安茶业协会负责人等等；其次还对访谈进行了具体分工安排。

然后，针对各个方面的人员采访、调查哪些问题，一一进行了梳理安排。比如采访背茶工，要调查个人简历及家庭基本情况、背茶经历、背茶路线、口溜子、背茶的经济收入、背茶禁忌与基本常识等；采访茶厂老板要调查个人简历、茶厂的创立历史、新中国成立前茶厂发展史、新中国成立初茶厂公私合营、市场经济时期茶厂发展、目前雅安茶厂竞争合作关系、传闻趣事与未来发展规划等；采访茶厂老工人要调查个人简历、所在茶厂及茶厂基本情况、传统边茶制作的基本工艺及关键环节、引入机器生产以后工序及工艺的变革情况、茶厂边茶生产种类与各类间区别；采访老茶农要调查个人简历、茶树种植生产过程、边茶采摘工艺、边茶原料存放及销售情况、不同体制下边茶的生产和销售情况、边茶原料的质量区分以及种采经验；采访老茶商要调查个人简历、经营史、新中国成立前边茶购销情况、新中国成立初边茶购销情况、雅安茶商间关系、茶商与购茶者关系、茶商与背茶工关系、茶商与茶厂关系、茶商经营方略；采访边茶研究人员要调查个人简历、研究缘起、相关课题研究、研究实验与成果、成果推广过程中出现的问题、研究现状与研究前景；采访当代茶厂老总要调查个人简历、企业概况、改革开放以来基本情况与经验、国家对边茶生产的优惠政策、边茶生产的主要困惑、边茶生产的新产品与市场前景、与科研院所的合作攻关、"十一五"与"十二五"期间规划与举措；采访雅安市茶业协会负责人要调查个人简历与协会发展史、协会对南路边茶兴旺与发展作出的贡献、协会未来工作计划等。

此外，行程安排、费用安排、设备准备等相关事项，老师事无巨细，面面俱到。我们这些学生既惭愧于好多准备工作帮不上忙，又兴奋于从老师手把手的教导中学会了很多东西。

摘选部分《南路边茶制作工艺及其汉藏文化认同研究》口述史调查提纲如下：

(1)背茶工：

　　①本人简历及家庭基本情况

　　②本人的背茶经历

　　　A.背茶工具（二尺*丁字拐、撑弓背架子、汗刮子、偏耳子）及所背茶叶的重量

　　　B.背茶经历中的辛酸苦辣

　　　C.背茶经历中的惊险故事

　　　D.所经地方见闻

---

* 尺，非法定计量单位，1尺≈33厘米。——编者

③背茶线路

线路如何确定；线路中有哪些险要地段（地形险要以及土匪恶霸盘桓）

④口溜子

如："上七、下八、平十一，掌拐掌得匀，后面跟着一弯人。""一排拐子二尺八，儿子儿孙背茶包，一盘拐子龙抬头，打拐不打斜石头，三拐两拐安不稳，挣些痨病在心头。""相邀情妹嘛啷么姐，背茶包嘛哟嗨喂。""嗷起川腔往回走，一路敲起肉锣鼓，壮丑弄丑，壮丑弄丑！""一出禁门关，把命交给天。上得象鼻子，翻得马鞍山。下得风吹雨，从此才过关。"

⑤背茶经济收入

背茶工钱有多少？背一块茶砖多少钱？如何支付？是背一次茶支付一次，还是半年一年一结

⑥背茶的一些禁忌与基本常识等

(2)老茶农（采访地点选在雅安边茶重要种植基地）

①本人简历以及家庭生活环境

②茶树种植的基本生产过程

选种，下种，翻土，除草，施肥，灌溉，修枝，杀虫

③边茶采摘

A.采摘标准（成熟采：待新梢成熟，下部老化时才用刀割去新枝基部一二片成叶以上全部枝梢）

B.采摘技术（留叶数量、留叶方法、采摘周期）

C.采摘方法（手工采摘、机械采摘）

④边茶原料存放及销售情况

A.存放

是否仓储？如果是仓储，则存放单位是多大？一间存储室存放多少茶砖？需要多少空隙空间？茶砖之间是否有空隙？茶砖贴地放

还是放在架子上？存储室需要保持的温度和湿度是多少？一般最多储存多久？

B.销售

主要销售对象是哪家茶厂？销售方式是什么（现钱现货、先货后钱、先钱后货）？

⑤不同体制下边茶的生产和销售情况

合作社、公社、改革开放后三个时期里，生产和销售情况如何？供大于求？还是供小于求？三个时期下个人的工作动力有何差异？工作业绩与报酬有何差异？

⑥边茶原料的质量区分以及其他种、采经验

⑦边茶原料的质量标准是什么？原料好坏的关键在哪里？是否有自己的辨别经验？如果有，是什么？另外，茶叶的种植和采摘过程中是否也有自己的独特经验？如果有，是什么？

从调查提纲可以看出，老师接手这个项目之前，已经着手准备很久了，这种业精于勤、行成于思的敬业精神与专业素养是当学生的最应该学到的根本。

雅安采访

2008年11月25日，老师通知我们10个同学，都是老师2005—2008级的民俗学研究生，让我们收拾行装，做好出差准备，第二天统一乘车前往雅安。后来我们才知道，老师已多次联系雅安市茶业协会副会长兼秘书长陈书谦老师，提前联系落实了到雅安后的住宿、行程以及需要采访的行业人士等详细事宜。

26日，老师带领我们清晨出发，上午就到达了雅安。我们稍事休息，便马不停蹄地租车前往上里古镇。一方面预约了边茶研究者、《川藏茶马古道》作者杨绍淮老师的访谈；另一方面是让我们这些学生参观古镇上的中国藏茶博物馆，让大家对南路边茶历史有一个直观的认知。对杨绍淮老师的访

中国藏茶文化口述史

谈，由嘉铭老师亲自主持，一来他与绍淮老师是多年的朋友，二来主持首场访谈，也给同学们做一些现场示范、演示。杨绍淮老师从边茶采摘、制茶工艺到边茶贸易、茶商兴衰史娓娓而谈，与嘉铭老师热烈交流，或讲古、或论今，现场互动、气氛活跃。我们也慢慢进入角色，大着胆子参与其中。访谈结束后，绍淮老师亲自引导我们参观中国藏茶博物馆，并对着照片、文字、实物详细解说，我们对这次田野调查对象——南路边茶终于有了比较清晰明确、全面直观的认知。

当天下午，老师决定放手让我们上阵开展田野调查。有上午老师的亲自示范和鼓励，加之早已熟悉的访谈提纲也极为详尽，同学们都有点跃跃欲试。10位同学分作三组，一组前往多营镇雅安市友谊茶叶公司，采访甘玉祥董事长；一组前往雅安市区拜访雅安市茶业协会秘书长陈书谦老师；还有一组则前往四川农业大学采访何春雷教授。

甘玉祥董事长出身藏茶世家，受父辈影响甚深，执着于推动雅安藏茶产业的整体发展，提出了边茶走出传统销区、藏茶汉饮的发展思路，从产业文化和产品文化入手，通过加强藏汉文化的交流与认同来推动雅安藏茶产业的发展。

陈书谦老师是嘉铭老师的老朋友，这次来雅安田野调查的联系沟通、大多数调查对象都是陈老师帮忙联系。书谦老师当时还在雅安市供销社工作，他从2002年以来基本上专职从事茶叶行业管理工作，参与和主持了很多国际国内的茶产业研讨会、各种论坛活动，既熟悉茶叶的产业政策，又对茶文化有着深刻的研究。他给我们讲述了最近二十年来南路边茶的发展历程，各级政府、部门、行业组织从文化、经济、科技等方面为推动南路边茶产业发展做出很大的努力，也分析了藏茶产业发展存在的问题和不足，阐述了茶业协会今后在推动茶产业工作中的重点，就是要花力气推广蒙顶山茶、雅安藏茶两个区域品牌，加强"南路边茶制作技艺"国家级非物质文化遗产的挖掘、保护、传承、弘扬等方面的工作。

何春雷教授从四川农大茶学专业毕业留校以来，长期从事茶叶教育、科研等相关工作，在茶叶深加工研究领域造诣深厚。他详细讲述了二十世纪九十年代初以来，南路边茶降氟工艺的研究历史，以及当前降氟工艺的研究现状与发展。

通过对三位老师的访谈，我们从当代边茶生产、销售，政策与相关科研入手，开始深入调查，慢慢进入了比较好的状态。

27日，我们调查组再次分工，杨老师带领一路，继续放手其他小组开展工作。得到前一天的锻炼，同学们都觉得干劲十足，情绪与实操能力不知不觉地就被老师提炼起来了。现在想来老师是为我们操碎了心，学识与实践经验"随风潜入夜"，深深地印入了我们的心中。我们能遇上这样的好老师，真是如沐春风，能成为老师的弟子，当是上辈子修身积德求得的福分。

上午，老师带领我前往名山县朗赛茶厂拜访次仁顿典董事长。次仁顿典先生来自西藏拉萨，2001年到雅安名山投资，建起了第一家由藏族人自己创办的藏茶厂，藏族人的身份使次仁董事长对边茶生产贸易中所蕴含的藏汉文化认同有着独特的见解。老师与董事长相谈甚欢，我在一旁默默聆听，老师渊博的学识和董事长的坦诚豪爽至今难以忘怀。

其他同学分为两路，一路前往大兴镇周山村采访老茶农张国勋老人，张老二十世纪五十年代就开始在生产队种茶，管理茶园。祖上世代都是茶农，两个儿子现在仍然承继祖业，承包茶园种茶卖茶。张老向采访组同学详细讲述了茶叶种植与采摘技术和相关要求，以及这些年来当地茶农种植收益的大体变化。

另外一路同学前往吉祥茶业门市，采访原国营雅安茶厂米燮章老厂长。米燮章老先生于1982年起担任国营雅安茶厂党委书记，1987年起又兼任厂长，党政一肩挑直到退休。米老先生是二十世纪六十年代从部队转业安排进入雅安茶厂工作的，以后逐步成为国营雅安茶厂的掌舵人，是南路边茶数十年发展历程的见证者与参与者。

通过对后面两位亲历者的访谈，我们获取了计划经济时代到市场经济时代边茶种植与生产发展历史的一手资料。

当天下午，我们再次分组，杨老师到陈书谦老师家中进行单独访谈，并拜访陈老师的父亲陈登才老先生和母亲罗翠兰女士，听两位老人讲藏茶的故事。两位老人都出生在川藏茶马古道上的重要集镇——宜东，在镇上生活了七十多年，退休以后才移居雅安。陈登才老先生十五六岁时从宜东步行到康定，在当时的"国师校"后来的康定师范学校读书，曾经几十次的徒步往返茶马古道，目睹了成百上千背夫们的艰辛。这次访谈之后，听说陈书谦老师一直在找杨老师到家中采访的照片，我将我这里留存的照片寄去，收到我发去的照片，陈老师甚为激动和感谢。

我与另外两位同学赶赴天全县红星村拜访老背茶工李攀祥老人，另外一组同学到雅安馨远茶叶公司拜访二十世纪四十年代就开始学徒生涯的老茶人李文杰老先生。

李攀祥老人出生于二十世纪三十年代，是天全县唯一健在的老背茶工，家里人世代背茶，久历世情，一肚子掌故，我们有幸聆听。

李文杰老人比李攀祥老人年长一岁，16岁就在孚和茶号当学徒，家族中的老字号兴顺茶号自明代开始制茶贩茶，他既懂制茶，也懂销售，对边茶贸易发展非常了解。

通过一天来对七位亲身经历者的访谈，我们勾勒出了一条从二十世纪四十年代以来的南路边茶，现在称为雅安藏茶发展清晰的历史脉络。

28日是我们田野调查的最后一天，同学们感觉调查进行得差不多了，估计可以逛逛街放松一下。但是，杨老师仔细检查了我们的采访记录，直接一一指出我们采访中的缺漏，并强调一个完整的田野调查，不能留下一丁点遗漏，否则第一手资料不全，会导致后期研究出现不该有的偏差，这样的调查还不如不做。说话的时候，老师没有发脾气，对我们依然和颜悦色，但我们甚为羞愧。胸有丘壑、严谨勤勉，一直是老师言传身教的立身之道，我们怎么能够一时忘却呢？

于是，根据老师提出的问题，我们再次分组对米燮章老厂长、何春雷教授和甘玉祥董事长进行了二次采访。其中一路同学直接前往米厂长家中，还通过米厂长邀请到了另外两位雅安茶厂的老工人王祖禄和刘培植，对二十世纪五十年代茶厂公私合营，以及边茶制作工艺等细节问题，进行了补充采访。米厂长还向我们展示了家中珍藏的老藏茶和老照片，我们大家都觉得不虚此行。

白天的补充访谈结束后，老师依然觉得调查资料不够充分，晚间再次亲自带领我们对雅安日报社的李国斌老师进行访谈，李老师是雅安日报传媒集团融媒体新闻中心、融媒体编辑中心主任编辑。杨老师与李老师就南路边茶产业发展以及藏茶品牌打造交换了意见，也补全了媒体界的调查资料。

到此，老师对调查成果基本上满意了，狠狠表扬了我们这些惫懒弟子一顿，我们愈发感到不好意思。因为我们知道，老师总是舍不得对弟子发脾气，总是为弟子考虑周全，总是用他的一言一行默默地督促着学生。我们敬佩老师的高山景行，他的敬业、他的激情、他的随和厚道、他的坚韧不拔，足够我们这些弟子们修习一辈子、传承一辈子。

采访刚刚结束，2008年11月30日的《雅安日报》以《边茶口述史调查全面展现千年藏茶发展》为题进行了报道，对我们的项目给予很高的评价：

"为了全面记录雅安藏茶的发展变迁，了解藏茶对藏汉文化的影响，从11月26日开始，'南路边茶制作工艺及其汉藏文化认同研究口述史调查'在雅安展开。

在西南民大民俗学教授杨嘉铭带领下，和其他九名硕士研究生一起，奔波于雨城、名山、天全等区县，调查和收集雅安边茶口述史。

此次调查活动的带队专家，西南民大著名藏学研究者杨嘉铭说，雅安自古以来就是茶文化圣地和茶马古道重镇，在漫长的茶马贸易过程中，雅安对藏茶文化的形成做出了重要贡献。而亲历者们的记忆，就是一部完整的藏茶发展史。

雅安市茶业协会副会长陈书谦说，雅安藏茶引起了社会各界的高度关注，对雅安茶产业发展而言非常重要。学者们记录和研究雅安藏茶口述史，对宣传雅安茶文化，推动雅安茶产业发展将起到巨大作用。"

永远的怀念

转眼之间到了2020年3月，老师已仙逝两月有余。遥想2008年的时候，62岁的老师依旧身手矫健，精神矍铄，被李星星老师赞为"老牦牛"。4天的田野调查时间紧锣密鼓，一晃而过，却是弟子们与老师亲密接触最长的时间段。大学毕业之后，我们大都忙碌于各自的工作岗位与进一步的学业，一年难得和老师见上几次面。而老师却一直孜孜不倦于对家乡甘孜藏族自治州的文化研究与拯救发掘，不肯停步。在最后一年里，他仍然在与时间赛跑，发文著书。老师不畏死，唯担心手头的项目不能完成；老师不羡生，唯担心他一直坚守的事业缺乏后继之人。回看自己无甚作为的十二年，再望望老师依旧不曾停下的脚步，真的感到愧对吾师。

石硕先生撰文悼念老师时说，做人文研究实际上是需要"根"的，这"根"大约就是我们常说的"地气"，也就是对生于斯、长于斯的那片土地、人民与文化的一种情怀，一种深藏于内心的、根深蒂固的爱。老师已魂归大渡河，回到了生于斯、长于斯的故乡，但他洒脱的身姿和爽朗的笑颜永远铭刻在我们的心中。

尊敬的杨老师，我们永远怀念您！

（采访：陈书谦、郭磊；编辑整理：谢雪娇、窦存芳）

18. 藏茶对藏地生活和革命事业的重大贡献

口述人：降边嘉措，1938年生，四川巴塘县人。中国社会科学院少数民族文学研究所原研究员、《格萨尔》研究中心主任、藏族文学研究室主任、研究生院少数民族文学系博士生导师。主要从事藏族史诗《格萨尔》与藏族文学的研究，先后出版《格桑梅朵》《十三世达赖喇嘛》（与吴伟合作）以及《英雄格萨尔》《这里是红军走过的地方》等著作。

（采访人窦存芳：2017年以来，我们先后通过面谈采访、电话求证、视频连线等方式，对降边嘉措先生进行采访。先生是四川省甘孜藏族自治州巴塘县人，自小对藏茶有很深的理解和认识，从小时候喝不上茶到现在离不开茶，他对茶的感情非常深厚。1950年12岁时参加十八军进藏，一路上他亲历了很多与藏茶有关的人和事，对茶叶作出的贡献一直赞不绝口。降边先生现已84岁高龄，仍然笔耕不辍。四处奔波参加会议、做专题演讲，讲述格萨尔的故事，讲述革命的故事，传递着老西藏精神。2017年，他来雅安见证了中国藏茶文化研究中心的成立，在"首届中国藏茶文化高峰论坛"做了演讲。他不辞辛苦，和考察队伍一起参观了雅安的茶园、茶厂，还登上了蒙顶山，参观了红军博物馆。他开玩笑说：就是因为天天喝茶，才养着好的精神。最近，先生在百忙之中又抽出时间接受了我们的访问，让他的外甥女协助录了三段视频，给我们讲述了很多有关藏茶的故事。我们按照降边嘉措先生讲述的内容，对着录制的视频进行文字转化，与读者分享先生丰富的人生阅历、深深的藏汉情结和渊博的人文学识。）

中国藏茶文化口述史

茶叶和藏族人民难舍难分

茶和藏族人民的生活是分不开的，和汉藏关系也是分不开的。为什么呢？从茶叶生产过程来讲，茶树主要生长在藏族聚居区以外的地区，而藏族聚居地区作为重要的消费区，茶叶产区和销区的关系密不可分，有极强的不可替代性。藏族地区海拔比较高，茶叶也不适合在高原种植。中华人民共和国成立以后，在林芝、山南等地区种了茶叶，茶树长起来了，但是生长缓慢，产量不足。所以，在这种需求和流通中就走出了一条"茶马古道"。在藏族群众的生活中离不开茶叶，离不开盐巴，藏族和汉族也分不开。

有个藏族民间故事，就是讲茶叶和盐巴的故事，一直在藏区流传。新中国成立以后，我们党和人民政府宣传民族团结，讲汉藏团结，也讲这个故事。有人可能会认为这是不是我们的文艺工作者编出来的，不是的。这个故事我小的时候就听过，我在小的时候就听我的妈妈、外婆、外公他们讲这个故事。但是这个故事可能是因为比较简单，也没有人写成书，因而没有形成一个完整的故事。我只是想说明，盐巴、茶叶和藏族人的生活就是分不开的，正如藏族有谚语道："相亲相爱，犹如茶与盐巴；汉藏团结，犹如茶与盐巴"。

藏族人一般都要讲到"三袋"，是什么呢？一个是"糌粑口袋"。吃饭的时候藏族人主要是吃糌粑，过去不但在家里吃糌粑，朝佛的香客、运货的马帮等，都是要带糌粑走远路的。当时没有宾馆，只有驿站，驿站只为官方服务，其他的人像马帮、香客都享受不了，只能自己随身带糌粑。这是"糌粑口袋"。

再一个就是"盐巴口袋"，藏族人走到哪个地方都要喝茶，就要用盐巴，吃菜的时候也要用盐巴，比如说有野菜的话就吃野菜，更加需要盐巴，没有盐巴就没有味道，人的身体不能没有盐巴。

还有一个离不开的就是"茶叶口袋"。

所以"糌粑口袋""盐巴口袋"和"茶叶口袋"，这三个"口袋"是藏族民众必备的，所有藏族人都需要这三样东西。虽糌粑、茶、盐质量水平不一样，茶叶有等级、糌粑也有等级，盐巴可能没有什么等级，尤其茶叶质量好坏、等级区别很大。普通的农牧民群众、朝圣的香客、马帮，还有说唱艺人，比如《格萨尔》说唱艺人，这些艺人们奔走说唱的时候，都需要这三个"口袋"。所以我想说：藏族社会生活都离不开这三样基本东西。

谈谈我自身接触茶叶的情况。我很小的时候就接触到茶叶。从小家里要喝酥油茶、喝奶茶。一般藏族人说喝酥油茶，其实旧社会并不是所有家庭都能喝上酥油茶。我小时候的印象中喝酥油茶的记忆还是很少，多数时候就是奶茶，那个茶也是不同的，那时候富人吃的茶和一般的穷人吃的茶都不一样。

我最早接触的茶是什么样的呢？我们家里的茶叶不是那种整块整块的，像大家照片上看到的，那些马帮带的，打包很好看的那种茶只有富人、寺院里、土司头人家里有，一般的人都是买那种一墩一墩的茶，四川话就叫一坨一坨的茶。能够吃这种茶的，还是生活条件比较好的。再差一点的话是吃什么茶呢？那时候喝茶时的茶叶分一道茶叶、二道茶叶和三道茶叶，这些在新中国成立以后，日子好了，大家就不知道了。什么叫一道茶叶？就是好的茶叶熬了以后，贵族农奴主他们喝第一道茶。他们喝剩的茶叶（叶底、茶渣）也不能倒掉，马上就有人把这个茶叶收起来，比如他的用人、管家等，在太阳底下晒干，有的再熬了自己吃，也有的分给别人或卖给别人。之后撒一些盐巴熬第二次，就是二道茶。当时我年纪还小，贵族、农奴主、土司头人等家里怎么吃我没见过，但那些马帮和朝圣的香客喝茶我见过。那些马帮的头子，就是带领马帮的人——现在马帮的叫法也说不清楚，有的时候指整个马帮，有时驼队也叫马帮，马帮的头子也叫马帮，汉语里分不清楚，但藏语里就分得很清楚。他们喝的就是第一道茶，第一道茶喝完了以后，把这个稍微放凉了一会，然后就再熬第二道茶，那些艺人、朝圣的香客等喝第二道茶，还有些穷人喝继续熬过的第三道茶。

我妈妈的老家离巴塘不远，位于现在的芒康县，就是出产盐井那些地方，我出生在巴塘，所以我对盐和茶都感情很深。有些人熬很多的茶，比如给喇嘛寺茶布施，有钱的人布施给钱，发给每一个僧人，还有些是布施一顿饭。再穷的人，比如说他们要做布施或者是家里生孩子、有红白喜事的时候，就做那个茶布施，给每一个僧人一碗茶。平时那些寺院大铜锅里熬的茶，茶叶也不扔掉，拿去晒，晒干了以后那个茶叶还要拿去卖的。就是说寺院也分等级，有贫苦的喇嘛，也有富裕的喇嘛，贫苦喇嘛喝的就是那个二道茶，而不是现在我们在商店里看到的那种茶。

我小的时候，我们家也只是喝那个二道茶。喝第一道茶的人，熬了以后，等他走了，他也带不走茶叶，就把它包起来给我们家，当时是很珍贵的呢。所以我小的时候，对茶叶印象很深，我们藏族人的生活是离不开茶的。茶不但是分几道，茶本身也有各种等级，我们小的时候也看不出来，也不知道像现在还有花茶、绿茶等种类，一级、二级的划分，到现在我也分不清楚。所以藏茶有各式各样的，这是茶本身的分法。在熬的过程中，又分成头道茶、二道茶、三道茶。过去最穷的人，就只能喝第三道茶了。

我再谈一下茶叶对我们的好处和用处。这个很多，大多数人知道的就是帮助消化。因为藏族聚居地区蔬菜比较少，高寒缺氧，茶叶可以抗寒，也可以抗缺氧，又增加维生素。藏族人吃糌粑有酥油还好消化，没有酥油呢，就干糌粑，不喝茶是非常难消化的。但是喝了茶以后，可以帮助消化，所以这是茶叶的一个好处。再一个就是喂牲口，牲口过河的时候喂茶喝。我们家就是在金沙江边，从渡口到我们那个县城的直线距离18公里，金沙江就是从我们那边的西山流过去。当时那个渡口没有大船，马是要过河的，马帮要带着那个领头的马先过去，或者是用牛皮船带着领头马过河，其他马匹都要从河里走，马需要增加热量，所以在过河之前要给马喝茶。熬浓浓的茶给马喝，增加它的热量，增加它的体力，然后把那个熬过的茶叶给穷人、说唱艺人等，我就亲眼看见那些场面，穷人们的生活是很苦的，就喝给骡马熬过了的茶叶，骡马喝头道茶，然后他们才喝二道茶。马帮的骡马很多，所以剩下的茶叶一大堆，然后有些好心人就分一点给大家，有一些人就直接抢，这些我也亲眼看见过的。那时候我们家也很穷，他们看见我们这些孩子也给我们分一把一把的，我们就装在兜里拿回家。所以说那时候不但人要喝茶，骡马也要喝茶，尤其是过河渡江的时候，我对这些印象很深。后来我当了解放军，我们解放军的马帮为解放军运输物资过怒江，就在当时的昌都专区，现在的西藏自治区昌都城内。解放军过了很多江，澜沧江、金沙江，但是过怒江是最险的，那种印象特别深，我们部队在那里待了一段时间，在我的小说《格桑梅朵》里就写了这些，就是马怎么过江，人怎么过江，那时候就是茶叶起了很多、很大的作用。

所以，我们藏族人民的生活是离不开茶叶的，各个阶层的人都喝，喝的茶的档次也都是不一样的。

茶叶在解放西藏过程中功不可没

接下来想讲一讲茶叶在解放军进军西藏、解放西藏的过程中做了很多重要的贡献。大家知道今年（即2020年）是西藏和平解放70周年，1950年，人民解放军遵照毛主席的指示，开始进军西藏。1949年12月，西康省主席刘文辉率部起义，解放军1950年4月份翻过二郎山到康定。从康定兵分两路，北路到甘孜，南路到巴塘，6月份到了巴塘，然后就准备进军解放西藏。解放军到巴塘以后不久，我就参加了解放军，就是十八军的战士了。所以整个过程中，我知道茶叶对进军西藏、解放西藏做了很多贡献。这包括几个方面。

第一，解放军到了藏族地区，不可能天天吃到大米白面，四川人爱吃大米、白面，但到藏区就没有大米白面，或者有时候能吃到大米但没有白面，也没什么蔬菜，就需要吃糌粑，学会喝酥油茶，实际上也是增加体力，还得适应高原气候。当时部队提出了什么呢？就是思想革命化、行动军事化、生活高原化。生活高原化最基本的就是要求喝酥油茶、吃糌粑。大军几万人进军西藏，包括筑路工程的技术人员，一开始就要吃糌粑、喝酥油茶，很多人喝不惯，捏着鼻子喝，有些人吃了以后不习惯，呕吐。所以，上级领导要求党团员要带头喝。我们当时就很高兴啊，在部队当了解放军还有酥油茶喝，在家里也只有喝很清淡的奶茶，茶叶还是熬过剩下的。雅安等地解放以后，雅安的茶厂被收归国有，支援人民解放军，大家喝到了最新鲜的茶叶，最好的酥油茶。上级要求生活高原化，党团员要带头喝酥油茶，适应高原高寒气候。当时进军西藏，在金沙江以东的地区部队扎营，那时候就是训练打酥油茶、喝酥油茶。

说起来还是一个很有意思的事情，就是解放军从土司头人、商号那里买了很多酥油，当时西藏没有民主改革，土司头人、马帮、商号都在，康定有很多茶庄、商号，还有像邦达昌这样的大商号。还从寺院里买了很多酥油做酥油茶喝。但是这样也经不住这么多人、上万的进藏部队喝，十八军的人那么多，三个师进去，当战士们学会了、喜欢喝酥油茶的时候，就没有酥油了，茶叶倒是还没有断。就只能喝清茶，但还是酥油茶好喝。解放军1950年到康区，是为解放军第二年进军西藏、进军拉萨做边防工作。因为交通运输还是很困难，那么多人的部队需要粮食、茶叶，茶叶需求量大。当时整个四川作为进军西藏的坚强后盾，四川雅安有得是茶叶，茶叶通过国家采购，供进军所需。但当时二郎山公路没通，道路艰险，运茶十分困难，年纪大一点的可能都听过一个民歌《歌唱二郎山》，唱到"二呀嘛二郎山，高呀嘛高万丈"。二郎山东边是汉族聚居地区，过了二郎山才到了藏族聚居地区。要翻过二郎山，到泸定、康定，然后到达藏族聚居地区。所以要过二郎山，最需要的就是茶叶，只有组织牦牛运输队、马帮、骡帮来运茶叶。茶叶在当时有好多的用处，因为一路上没有什么蔬菜，只能买牛羊肉，来不及做馒头，就是蒸米饭、吃糌粑，然后就喝酥油茶，不喝茶更消化不了，吸收不好，对身体也不好。解放军指战员都要喝茶，每天早晨要喝茶，战士们也习惯了每天早上喝茶，不喝走路行军就没有精神。茶对提神、助消化都有很大好处。所以，藏茶对解放军进军西藏、解放西藏是做了很大贡献的。

第二，解放军要通过茶交朋友。当时张国华军长说，解放军到西藏的首要任务是和藏族同胞交好朋友、见好面。解放军作为一支崭新的部队要和藏族同胞见面，见面要送礼物。因为我当时是翻译，我知道解放军当时也很困难，新中国刚刚成立，解放军1950年就进藏了，国家也有很多困难，因长期战争，国民经济没有完全恢复，最主要的还是交通运输非常困难。所以没有别的东西可以带进西藏，解放军去做群众工作，给群众送点东西，主要还要做上层的统战工作，比如要到寺院去见喇嘛活佛，见土司头人，土司头人的工作做好了才能买到粮食，才能请他们派马帮，帮助解放军运输。在这样的沟通工作中送的礼物是什么呢？就是茶叶。送了茶叶以后藏族同胞也很高兴，一方面藏族同胞喜欢茶叶，藏族同胞觉得解放军尊重藏族的生活习惯，藏族同胞需要什么他们就送什么。后来，解放军也很快发现藏族同胞特别喜欢茶叶。当时我年纪还小，不知道茶叶种类，记得好像茶叶上面有藏语"民族团结"，当时各方面影响很好，包括满足藏族人民的需要。另一方面增强汉藏团结、军民团结、民族团结。后来解放军到了寺院也要茶布施。就像大家在电影中看到有人给喇嘛们一些钱做布施一样，喇嘛排着队坐在那里，有钱的施主就给他们钱。布施有很多种，最高层次的比如政府，就给银圆、给钱，就像现在逢年过节人民政府给寺院布施钱一样。再一种就是给饭，就是做米饭，但不是糌粑，每人一碗米饭。还有就是我们提到的"茶布施"。当时解放军到了以后，没有那么好的条件布施，交通条件不好带不来其他东西，到寺院就把茶叶带去，在他们的铜锅里熬茶，当场就让喇嘛们喝这个茶，喇嘛们也很高兴，这样就可以联络感情。后来解放军的茶布施还留下了一段佳话，就是1951年，解放军已经走了一年，到达拉萨，中央人民政府的代表张经武将军到三大寺院做茶布施，这个在整个藏族聚居区和国内外影响很大。解放军到这做茶布施，群众影响很好，认为解放军尊重藏族生活习惯、宗教信仰，这样藏族同胞就很高兴。所以，茶叶在整个进军西藏、解放西藏的过程中起了很大的作用。因为当时最近的就是雅安的茶，经过二郎山到康定，从康定到巴塘和甘孜，然后跨越金沙江到拉萨，一路上喝的都是雅安的茶。

西藏解放以后修路，大家知道的两条路，即青藏公路和康藏公路，康藏公路后来改名叫川藏公路，有大量的修路工人是藏族同胞，当时给他们的工资就是茶叶，工人也非常高兴。所以，在解放西藏、建设西藏的过程中茶叶的贡献都是很大的。

茶叶和红军长征一路相伴

茶叶不但对进军西藏、解放西藏做了很大贡献，对红军长征过雪山草地也是做了很大贡献的。大家知道红军长征是1934年的10月从瑞金出发，然后经过雪山草地，到1936年10月在甘肃会宁会师，整整两年。一方面军、二方面军、四方面军都到过藏族聚居地区。在藏族聚居地区他们一样还是要喝茶、喝酥油茶，因为藏族聚居地区的雪山草地、天寒地冻，还有藏族聚居地区没什么蔬菜，从现在一些回忆录上看，连朱总司令也担任过野菜委员会的主任，可见当时野菜的重要性。所以在挖野菜、吃野菜的那个时候，大家都知道即使吃肉、吃蔬菜，不喝茶也是很难消化的。野菜有各式各样的，有好的也有一些硬的，那个纤维很硬，吃下去不喝茶更不好消化，大便不通很难受，就得喝茶。

当时红军从瑞金出发，经过大渡河、泸定桥到了雅安，就在当地买茶叶。进入甘孜也在当地的寺院买茶叶，还有邦达昌等著名的商号，他们就有很多的茶叶，红军就在那里买茶。我拜访过我们的很多老红军，比如说我们甘孜藏族自治州的第一任主席天宝，藏语叫桑吉悦西，扎喜旺徐、杨东生、胡宗林等人，这些老红军他们亲身经历了那段岁月。当时还有很多藏族青年参加红军，他们主要的一个任务就是帮助红军筹粮，买青稞筹粮，另一个任务就是挖野菜，再有就是到大商号去买茶叶，然后红军战士才能喝到茶。红军长征路上，还用茶膏跟藏族同胞换糌粑等物品，解决急需、搞好民族关系，起到了很大作用。

过草地的时候不可能买到茶叶，部队就提前做茶膏。我们十八军进军西藏的时候也熬过茶膏，也是吸收总结了这个经验，熬茶膏习惯是我们甘孜县藏族同胞的传统。什么叫茶膏呢？就是把茶用大锅熬起来，熬到很浓很浓，让水分挥发掉，最后形成一小块膏，成为茶叶的精华，重量也减少了很多。

然后过草地没有茶叶时，水烧开后放入一点茶膏，冲一冲就成为清茶，可以直接喝。当年，红军在过草地之前，他们就在雅安、甘孜等地区采购了大量的茶叶，然后熬茶膏，在翻越雪山草地的时候，烧了热水就可以喝，这对御寒、缺氧、帮助消化都有很大的好处。

所以，后来我们十八军进军西藏的时候也学习这个方法，但是条件比当时红军长征时候好多了，也就不需要熬那么多的茶膏。茶叶可以从产地运，红军长征的时候没地方运，没有大后方，就是靠熬茶膏。比如胡宗林将军，是阿坝州理县的一个老红军，他负责后勤工作，就主要负责熬茶膏，他会花很长时间熬茶膏，然后发给红军战士。红军长征时，在甘孜、阿坝一带有两个藏民团，现在的金川这一带，当时也有很多藏族青年参军，他们帮助红军筹集粮食、茶叶，然后供给部队。老红军说，他们那时候很快就适应喝茶、喜欢喝茶了。那时候物资很困难，没有选择，只要有吃的喝的，就没有什么不适应的问题。

茶叶对中国革命、红军长征、进军西藏过程中都做了很大贡献。刘伯承元帅说，进军解放西藏是我军历史上的第二次长征。所以，可以说藏茶对红军第一次长征、第二次长征都做了贡献，对中国革命是有贡献的。

（采访：窦存芳、任敏；编辑整理：窦存芳、陈书谦）

19. 茶马古道与康定情歌

口述人：郭昌平，1952年10月生，四川康定人。先后任甘孜藏族自治州州委宣传部副部长，甘孜日报社党委书记、总编辑，甘孜藏族自治州政协副主席等职。分别荣获国家级、省级各类新闻专业一、二、三等奖百余次。出版散文集《箭炉夜话》、新闻专著《康巴履痕》，主编与参编《当代甘孜》《康藏笔路》《九五康定洪灾》《天地一方》《情歌的故乡—康定》等书。

康定的文化名片

我从小在康定长大，大学毕业以后又分配回到康定工作，对这里的山山水水非常熟悉，对茶马古道、康定情歌有不解之缘。

茶马古道和康定情歌是甘孜藏族自治州的两个十分重要而且具有深厚内涵的代表性文化名片。茶马古道与康定情歌之间相互关联，又有各自不同的特点。

川藏茶马古道是从四川盆地通往青藏高原，特别是连通以康定为重要互市之地的一条重要的贸易通道。它早期的形成和发展就是因为以茶易马、茶马互市，这是很多专家的共识。

康定情歌是二十世纪三十年代以后出现的当地民歌，这首歌一经问世，就在国内外产生了极大的影响，是中国民歌的翘楚之作，还被评选为世界经典民歌。

这首情歌为什么会产生在康定？康定为什么会成为茶马古道上重要的互市之地呢？这与康定特殊的地理位置有关。

康定现在是甘孜藏族自治州的首府。甘孜藏族自治州位于四川省西部、青藏高原东南，是从四川进入青藏高原的必经之地。康定总面积15.3万平方公里，总人口110多万。二十世纪中期为西康省省会，也是川边地区的经济文化中心。西康省1921年筹备，1939年1月成立，1955年撤销，金沙江以东地区并入了四川，金沙江以西地区并入了西藏。

自古以来，茶叶的消费与流通四通八达。古代很多道路都有运茶的功能，为什么这些道路没有全部被称为茶马古道呢？很大的原因就是茶马古道的形成是因为茶马互市、以茶易马，具有重要的政治属性。最初产茶地茶叶与边地的战马交易，是通过以茶易马、互换互市完成的。后来战争减少，战马需求量小了，但茶马交易仍然存在，不仅是茶叶和马匹，还有其他物品的交易、流通，如各种日杂百货、食盐、丝绸等物品，与马匹、中药材、矿石、奶制品、畜牧制品等的交易，这种交易持续至今。

当年的茶马古道沿线，今天已建成318国道、317国道、雅康高速等纵横交错的公路运输网；甘孜藏族自治州已经建成三个机场，不久的将来还会通高铁。藏汉民族的物质交易、文化交流至今仍在升华与扩大。

茶马古道上的城市明珠

早期因运送各种物资到边疆地区与少数民族同胞进行物资交易，形成了牦牛道、沈黎道、邛笮古道等道路。从青藏高原走出来的民族同胞，来到大渡河以东地区，其他地区的人也运输茶叶和各种物资来这里进行交易。比如曾经的黎州（今汉源清溪）、碉门（今雅安天全）、岚安（今泸定境内），都是当年互市之地。随着康熙年间泸定桥的建成，大渡河上的铁索桥贯通东西，茶马古道就不断往西延伸，打箭炉（今康定）成为茶马古道重要的互市之地、汉藏连接的纽带和桥梁。康定很快发展成为连接藏汉地区一颗璀璨的明珠。

中国藏茶文化口述史

康定老城区海拔只有2600米左右，当时雅安的茶叶等物资从名山、汉源、天全等地运来，由于交通制约，大都是人力背运到康定。大渡河上的泸定铁索桥修通以后，才能通过铁索桥进入大渡河以西地区。

茶叶运输主要是靠人工背运，背运茶叶的人就是常说的茶马古道上的背夫。背夫们每年要把成千上万吨的茶叶背到康定，之后再用牦牛、骡马往西转运进入青藏高原的高海拔地区。无论从康定进入甘孜、西藏，还是运至尼泊尔、不丹，牦牛、骡马就成为高原上最佳的运输工具。所以高原上祖祖辈辈、历朝历代都是靠牦牛和骡马驮运各种货物。

康定成了茶马古道上重要的互市之地，那么也就成为高原各民族和其他各民族相互交往、学习交流、商业贸易的一个重要地区。来自各地的人们把自己家乡、民族的生活习俗带到康定，他们相互学习、交流、借鉴，如生活方式、经营方式等。这种朝夕相处，促进了多民族的交流融合。

当年的康定商业多元、繁荣发展。比如陕西富县到康定经商的称为"炉客"（到打箭炉经商的人），这些人到康定生活、居住，建成的住宅也留在了康定。每逢过年过节，尤其是春节，他们会把家乡闹社火的活动带到康定，打响他们家乡的锣鼓、踩起高跷、划上富县的旱船，在康定过上富县的春节。他们这种庆祝方式久而久之影响了当地群众，所以后来康定过春节都会举办这些节庆活动，热闹欢乐。富县的锣鼓称为"老陕鼓"，时间久了，在康定叫走音，成了"闹山鼓"，每年春节康定都要打一下鼓，闹一下山，"闹山鼓"之名由此而来。现在，康定每年春节都会打"闹山鼓"，成了康定本地的一种文化。可见茶马古道不仅是一条经济道、商用道，更是一条民族团结之道、民族文化交融之道。

甘孜藏族自治州巴塘的面食十分出名，在藏族居住区很有影响力。巴塘老一代文人告诉我，这些面点加工手艺都是陕西人到巴塘后留下来，后来经巴塘各族群众学习、改进，巴塘面食成了巴塘著名的面点特色。这也说明茶马古道促进了各民族文化交流，成为现在康巴文化的一个特点。

茶马古道不仅促进了商业贸易，还促使康定发展成为二十世纪初中国三大商业城市之一，其物资交易量特别大。以前甘孜的藏族商人不仅在国内开设商号，还到印度、尼泊尔、不丹等国做生意。

寻找康定情歌

1997年，我们在甘孜日报推出寻找情歌作者的活动，悬赏1万元征集线索，寻找康定情歌的词曲作者，在全国产生很大的影响，南方周末、羊城晚报、新民晚报等媒体都转载了。很多人看到这条消息很吃惊：这首在全世界都影响很大，且具有中国民歌代表性特征的经典之作居然还不知道词曲作者是谁。

通过宣传、寻找、研究，我们认为康定情歌生发于康定这块土地上，是由群众自发编喝形成的一首民歌。它没有特定的作者，曲调是从其他地方传入后流传于康定的一首溜溜调。溜溜调最早传唱于汉族居住地区，新中国成立前，汉族同胞来康定谋生，打工、做生意或逃荒、躲征兵等，把溜溜调带到了康定。溜溜调只是曲，是比较固定的一段音乐，老百姓即兴填词，见山唱山，见水唱水。

康定情歌总共四段，前三段出于康定当地老百姓之口：跑马溜溜的山上，一朵溜溜的云，端端溜溜地照在，康定溜溜的城……李家溜溜的大姐，人才溜溜的好，张家溜溜的大哥，看上溜溜的她……词作者是谁？很可能就是歌中姓张的大哥，因为他爱上了李大姐，即兴把心中的激情唱出来了。

这是一个美妙的场景，高原之下的康定城空气清洁度高，空气很透明，天上飘着一朵白云，阳光把康定城照亮，张家大哥爱上了李家大姐，他向心上人直抒胸襟，表达爱慕之情。

第四段：世间溜溜的女子，任我溜溜的爱，世间溜溜的男子，任你溜溜的求……显然与前三段有一个转折或者说是跨越，从一男一女的爱，唱到"任你"表达的博爱。这是歌中最精彩的地方，道出了人类对爱情的共同追求，表达了对爱情与自由的追求，为这首歌产生较大影响、在世界各地传唱奠定了扎实基础。

歌词中还提示了歌曲的创作年代。"跑马溜溜的山上""康定溜溜的城"，提到两个地名，跑马山的地名只有100多年的历史，而康定城以前叫打箭炉（藏语"达者都"，意为三山相峙，两水交汇的地方），清光绪三十四年（1908）改打箭炉厅设康定府，说明这首歌是二十世纪以后才产生的。

康定最早是没有人居的荒芜之地，藏族同胞很可能先从里游牧经过，之后汉族同胞先定居，成为汉、藏、维、回等民族同胞和睦相处、民族共荣、民族文化交融之地。

茶马互市促进了民族文化交融，人们对爱情婚姻的追求，男追女、女追男等对爱情的大胆直白、袒露，应该是在"五四运动""新文化运动"之后才有可能。

唱响世界的名曲

康定情歌是民族交流、交往而产生的歌，是团结之歌，是康定城的文化结晶之一。

综上所述，康定情歌历史上是西康民歌，现在叫四川民歌，它的曲调源于溜溜调，是由汉族同胞带入甘孜的，歌词是康定当地的群众即兴用他们的语言唱出，具有本地的特点。

康定情歌大约成型于二十世纪三十年代末四十年代初期。抗战时期开始在康定流行，康定是当时西康省省会，是抗战大后方，又是进入西藏的要地，经济文化比较繁荣。

当年在川南泸州地区的泸县，驻扎着一支青年远征军的部队，原来是准备开赴前线的，因战争已经接近尾声，不需要到前线去了，就在泸县驻扎，军队需要一位音乐教员。正好江西有个学声乐的学生叫吴文季，在重庆读书，放假后应同学的邀请，到泸县这支部队做音乐教官，教战士们唱抗战歌和民歌。

吴文季不仅喜欢唱歌，还喜欢收集流传在群众中的民歌。有一天，有个来自康区的战士，吴文季请他们唱康区的民歌，刚好这个战士就唱了《跑马溜溜的山上》。因为民歌都是群众即兴唱法，一般都是歌词的第一句为歌名。那时《跑马溜溜的山上》是原生态民歌，而不是现在大家听到的已经经过音乐家、作曲家整理之后的康定情歌。吴文季听藏区战士唱后大喜过望，觉得旋律优美，歌词简单，朗朗上口，把爱情表达得淋漓尽致，当即叫那个战士再唱，他就找来笔和纸把那首歌的曲谱和歌词记录了下来。就这样，康定情歌第一次从口里唱出的民歌，变成了记录在纸上的曲谱。

以前的康定情歌只有前三段，吴文季收集的也是前三段。之后吴文季在重庆的学校搬回南京国民音乐学院，到南京后他的声乐老师叫伍正谦。伍老师要在学校举办个人音乐会，吴文季知道后就找到伍老师，说我这里有一首爱情歌特别好听又简单，于是吴文季就把《跑马溜溜的山上》这首歌给了伍正谦。伍正谦一唱就觉得十分优美，而且爱情表达得十分直接，是典型的群众创造的民歌。伍正谦就把这首歌交给当时的南京国民音乐学院的作曲系主任江定仙。江定仙当时已经是我国比较有影响的作曲家，江定仙把这首歌曲调编为五线谱并配伴奏。所以，现在的康定情歌就是经过江定仙进行的二次创作，变成了标准的伴奏曲。

江定仙后来把这首歌发表在当年南京国民音乐学院学生自己创办的山歌社，山歌社把它编入中国第一本民歌选第一集。这本民歌选是中国正式登上大雅之堂的歌曲小册子，康定情歌就这样进入了铅字印成的书。经过江定仙老师第二次改编后才正式定名叫《康定情歌》，不再使用《跑马溜溜的山上》这个名字。所以，这首歌的音乐创作权在没有找到原作者前应属江定仙老师。

江定仙编曲后的康定情歌，伍正谦在学校演唱很成功，钢琴伴奏是江定仙老师。伍正谦演唱不久后离开中国到美国去了，但这首歌的歌谱仍然留在江定仙手中。第二年，江老师的同学，当时中国著名的花腔女高音喻宜萱到南京举办她的个人演唱会，江老师就把这首歌推荐给喻宜萱老师，喻宜萱也是特别喜欢。从此，康定情歌就成了喻宜萱每次演出必不可少的传统节目。后来喻宜萱在张治中将军的支持帮助下，到新疆、兰州、北京、上海、南京等地演唱，每次都要唱康定情歌。

喻宜萱当时是联合国教科文组织的音乐大使，经常经联合国邀请到世界各国采风和演唱。1947年，喻宜萱把康定情歌带出了国门，在意大利、英国、法国等地演唱，都引起了轰动，受到极大欢迎。1948年，大中华唱片公司为喻宜萱灌制唱片，康定情歌第一次成为歌唱家的传统节目而灌制的唱片，进一步扩大了流传和影响。

康定情歌最早的流传渠道，就是吴文季从康巴战士手中学到，再由吴文季收集整理交伍正谦、伍正谦转交江定仙，江定仙编配为正规的五线谱，通过喻宜萱传唱国内外。从康定情歌的产生流传过程，也可以看出各个民族在中间所起的作用，无论是茶马古道的形成，还是康定情歌的传播，都是民族交流的结果，都有民族融合的影子。正因为有各民族的和谐相处，才有千古流传的茶马古道，才会产生千古流传的康定情歌。

康定地域文化独特，是凝聚民族团结之情的地方。康定虽然只是一个小城，只有几百年的历史，但是不论是哪个民族最早在这个地方定居，最终这里成为多民族和睦聚居之地。聚居在这块土地上之后，他们互相尊重、互相来往、互通有无，茶马古道、茶马互市促使康定成为世界有名的高海拔明珠城市。

康定老城区只有1.45平方公里，在这并不宽敞的地方，有汉族的佛教、道教寺院，还有回族的伊斯兰教清真寺，而且藏传佛教的五大教派在康定都建有寺庙，不同宗教、民族在这里和谐相处。

历史上的康定是从一个小集镇繁衍起来的，只有六七百年的历史，最发达的时候，也是茶马互市的时期，距今有300多年历史。在历史上，这个地方从没有因为民族、宗教发生过大的械斗，这在当今世界非常罕见。康定这个地方聚居的民族有20多个，以藏、汉、回、彝等民族为主体，多个民族和睦相处，团结友爱，康定乃至甘孜是民族团结的典范。

康定情歌不仅是爱情之歌，它也是友情之歌、团结之歌。我们应高唱康定情歌，在党和政府的领导下进一步加强民族团结，共创和谐，促进乡村振兴，争取实现跨越式发展和长治久安，共同建设更加美好的明天。

（采访：陈书谦、王雯；编辑整理：窦存芳、任敏）

20．走进茶马古道

口述人：亮炯·朗萨，又名蒋秀英，女，藏族，1963年6月生，四川乡城人。中国作家协会会员，现任甘孜藏族自治州政协副主席。已创作出版《布隆德誓言》《寻找康巴汉子》《恢宏千年茶马古道》《旃檀花开如雪》等长篇小说。

我与茶马古道

我写长篇小说《布隆德誓言》的时候，就感觉如果茶马古道全凭想象和虚构的话，是远远不够的。当时我们甘孜的旅游、文化品牌中就有茶马古道旅游规划，有一个工作组计划考察这条路，因为我是搞文学创作的，他们来找我，说不用晦涩的元素，用文学材料书写茶马古道。开始我不太感兴趣，没有同意。第二年他们又来找我，正好《布隆德誓言》初稿完成，我也就想去走一趟茶马古道，感受一下我的主人公的经历，所以我就走进了茶马古道。

这一走，就走了半年有余。我们按照藏传佛教转经顺时针的方向，从左到右转了一个圈，从成都出发，到雅安产茶地深度走访，了解藏茶的生产和历史沿革，去汉源、荥经走访了不少七八十岁的背夫老人。这些老人只要一谈到背茶包的经历，都爱说的一个字就是"苦"！翻山越岭、背负上百斤茶包的艰辛是很苦的，但是为了生存，走了几代人。他们的脚步战栗也好，稳健也好，只为家里人生活奔波，一年年，一天天，山路记下了他们的足迹，拐子窝、马蹄印，是时光为他们写在山川的带着血汗的诗歌，是一代代背夫和茶商汗水浇筑的记忆。是他们的脊梁，把这些汉藏贸易必需品背负托起，越过大山大河。看到这些脊背已经弯曲的老人，感叹他们的吃苦耐劳，更感叹他们对命运的抗争，对大自然的挑战，他们是用脊梁托起川藏茶马古道的第一座桥梁。我将很多的感怀写在《恢宏千年茶马古道》的第二个章节，标题就是《脊梁驮出黑茶路》，那段历程让我们看到的是艰辛和苦难，这些脊背的勇敢背负，在中国历史文化、古道文化中印刻了重要的一笔！雅安，传统产茶之地，茶文化历史厚重，是川藏茶马古道文化浓墨重彩的篇章，是中国茶马古道文化重要而不能缺席之所。

我们采访了八十多位见证过茶马古道的老人，许多的记忆和积淀就在老人们的记忆中，虽然古道是有形的，但物质的印痕却没有保护多少。所以老人们的记忆和叙说极其珍贵，有的老人在我们采访的前几日或几月去世，在雅安和泸定都常听到这样的话，哎呀，你们来早点就好了，王大爷前几天才过世，他知道得比我们多！或者说，你们怎么才来？我隔壁刘二哥背茶时间最长，他知道得多。或者说某某可惜走了，你们来迟了哦……在藏族同胞中也遇上这种事情，被采访人说自己知道不多，某个寺庙的老僧人当过寺庙的马帮，寺庙的茶叶要购买很多，他最了解藏茶；某某还能唱很多的古道上关于茶和马的歌谣……

《布隆德誓言》出版以后，在国外发行了英文版，2008年被评为中华人民共和国成立60周年献礼图书，入选新中国成立以来首部大型文学选本"阅读中国——当代文学精品长篇小说（1949—2008）（数字）文库"。2008年，温家宝总理到英国剑桥访问的时候，将全国优秀长篇小说作为国礼送给了剑桥大学。

后来，我创作《寻找康巴汉子》，又不自觉地写了跟茶马古道有关的故事。所以，我走进茶马古道是跨界，因为文学创作把我带进了探访茶马古道的这支队伍里。

2004年我写了《恢宏千年茶马古道》，因为这本书，我受益很多，认识了很多艺术界的，包括国内外对茶马古道感兴趣的朋友，结识了很多很优秀的专家、学者，茶文化界的、艺术界的，让我的视野又开拓了另外一个天地、打开了另一个窗户。

所以说，是茶马古道拓展了我的视野，滋养我的文学事业。

甘孜茶马古道分布

甘孜藏族自治州大部分处在横断山区，川藏茶马古道从甘孜藏族自治州穿过，因此这里意义更加丰富、更加沉甸甸的。甘孜藏族自治州紧邻产茶地雅安，康定以前没有人烟，是因为藏汉之间的商贸，大宗茶叶都要从这边经过，所以"开市贸易"。清代把从康定、雅江、理塘、巴塘到西藏的路称为"南路"，这条路海拔低，但路途险峻，朝廷规定官员任职都要走这条路到西藏，所以又叫"官道"。"北路"是从康定经炉霍、德格通江达再到西藏。康定是茶马古道重镇，"南路""北路"都从这里出发。

虽然以前没有提出茶马古道这个名称，但是我们很小就知道"茶马互市"这个词汇，就知道康定是非常重要的地方。后来云南学者提出茶马古道这个名称，实际上古道内涵丰富的还是四川，还是康定。只是云南提出的比我们早，宣传比我们早而已。

甘孜藏族自治州处于横断山区，大山大川、地域辽阔，平均海拔3500米。康巴地区在横断山脉有很重要的地位，因为地理原因，形成了非常丰富的文化现象，比如服装每个地方都不一样，语言各个县都有区别，建筑更是丰富多彩，给人一种享受。

甘孜藏族自治州人文资源也非常丰富，格萨尔文化主要在北边，康定情歌在东边以康定为主，香格里拉文化以稻城亚丁为主，其他每个县都酝酿出了自己的文化品牌。

2019年，我们州政协专委会牵头搞了一次全国茶马古道知名专家研讨会，计划沿317、318国道，围绕茶马古道商贸重镇康定打造一个旅游中心。从这里往南线，理塘是一个重要驿站，然后到巴塘、芒康，到昌都汇合到西藏。317国道除康定外，到炉霍、甘孜县，再到德格县，德格县是康巴文化中心，康巴文化很厚重，有唐卡、藏衣、陶瓷等。其实文化丰富元素都在这边，特别是人文学、艺术领域。

恢宏千年的茶马古道

《恢宏千年茶马古道》是2004年出版的，当时中国旅游出版社对这本书很感兴趣，马上列入了他们当年的出版计划，还签订了韩语、日语、英语出版合同。第二年，外文出版社来找我，要翻译成英文在国外发行。中文出版发行万册以上，国外版也是，2007年，我参加了法兰克福国际书展，2008年又参加了英国和美国的国际书展，还有北京的国际书展。本书受到出版界以及社会各界、各地读者的好评，被四川省内外几所大学列为学生阅读书目。

2007年，由外文出版社译为英文版《ANCIENT SICHUAN-TIBET TEA-HORSE ROAD》（《川藏茶马古道》）在国外发售。10月，该书被选为中国优秀书籍，受到国外书商的青睐。中国人民大学硕士，中山大学文学博士、副教授、硕士生导师徐琴在《民族精神的追寻与写照》评论文章中写道："亮炯·朗萨，一方面，她以历史考古学的方式丈量脚下的土地，《恢宏千年茶马古道》是她行走川藏线，考察茶马古道踪迹，走遍康巴藏地，展现川藏茶马古道的历史和文化的优秀之作；另一方面，她又以小说的方式为我们呈现了历史和现实中的康巴大地。她的小说《布隆德誓言》（2015年英文版书名为《THE OATH OF POLUNGDE》，在国外出版）和长篇小说《寻找康巴汉子》是她试图寻找民族精魂，展开生命探索的优秀之作……"

《恢宏千年茶马古道》对宣传我国茶马古道文化、雅安茶史茶文化、康巴藏民族历史文化遗产起到了积极作用。《四川日报》《华西都市报》《甘孜日报》和重庆《城市黄页》等对此书做了很好的评价。中国旅游出版社评价："本书作者历经半年多的辗转奔波，沿着当年马帮的足迹，探究了茶马古道流经的康巴藏区。用激情的笔锋，掺着浓浓的乡情，详细、真实而生动地描绘了古色古香、历史悠久的茶马路故事。书中配有几百幅真实的图片，与故事一起帮助我们揭开了茶马古道神秘的面纱。"

《天路上行走——感受〈恢宏千年茶马古道〉》一文也做了积极评介："茶马古道文化的展现——读亮炯·朗萨著《恢宏千年茶马古道》……这本书展示了川藏茶马古道的历史和文化，无数幽景、胜景各具风韵。文字简练生动，图景真实美观，这是我难得看到的图文并茂的好书，内容深沉，韵味悠长，叫人浮想联翩。茶马古道是藏汉民众共同开拓的，在这个道旁的城乡人民共同建设发展了这里的经济文化。这本书让我们看到历史的轨迹。这里壮伟的山，激情奔放的江河，安静神秘的海子以及人们建造的寺庙、街道，生活中离不开的牛羊、马匹和青稞、小麦。他们的动态，人们形形色色的穿着、住居、饮食、信仰和独特的节日习俗，这些文化具象都别开生面。本地人感到亲切，外地人觉得新奇。康藏人从这本书看到从过去发展到今天的辉煌业绩，无数藏汉先辈流下的血汗，他们可贵的创造。外地人看到后会觉得中华民族之伟大，就川藏高原也有那么多让人荡气回肠、叹为观止的奇特处、感叹处。这本书，既形象地叙述了康藏历史的重要篇章，还艺术地报道了康藏厚重而深沉的文化，展示了中华民族多态的美……书一出现就叫人耳目一新，内容让人见识了恢宏千年茶马古道及其人文景观。人们说，这书有价值，文字、图都好，我也有同感。"

"（这本书）是作者克服不少困难，花费了许多时间和精力认真完成的作品，2003年沿着川藏茶马古道，从四川产茶地雅安地区起步，到康巴核心区甘孜藏族自治州十八个县，再到云南藏区、西藏昌都、芒康、察雅、盐井、青海玉树等部分地区考察后完成的。作者创作立足于川藏、立足于康巴土地，写出的作品感染力强，文笔流畅洗练，是弘扬民族优秀文化、歌颂藏族人文情怀的好作品。"

"作者对川藏茶马古道所经几十个地区，也就是明清以来朝廷、中原通达西藏拉萨的商道、官道——川藏茶马古道进行了深入的采访、考察、研究，采访老人80多人，行程万里，以图文并茂的形式把过去通藏的主要茶马古道的历史形成，人文风情等抒写再现出来，填补了川藏茶马古道系统地研

究和抒写的空白，为宣传康巴文化、历史起到积极的作用，得到社会各界
好评。"

跑马溜溜的康定城

在没有"茶马古道"概念的时候，我们很小就知道古老的"茶马互市"，我们生活在甘孜藏地的人，再熟悉不过的是茶马互市的重要城镇，就是甘孜藏族自治州州府所在地——康定，历史的遗迹在城市大刀阔斧建设的步伐中逐渐消弭，但在年少的时候，还是看到过一两处历史文献中记载的锅庄老建筑、老街道、石砌的城墙。今天当然连这些零星的遗迹都被抹掉，消失了。但喜欢历史文化的我对这些不算陌生。

在藏地茶马古道上有三个主要的商贸集镇，第一个就是藏汉交界处、紧邻雅安产茶地的康定打折多；然后是西藏昌都和青海玉树结古多——玉树藏族自治州州府所在地。作为雅安产茶地紧邻的康定，历史必然地成为藏汉茶马互市、藏汉贸易的必经通道、咽喉，成为茶马互市、藏汉贸易的重要集散地，康定城就是因藏汉商贸、因茶马古道而兴起的古城。

康定是茶马古道上一颗绕不开的明珠，关于古道上的历史故事在康巴、在藏区这片土地上真是太多太多，这些也或多或少地融汇在自己对甘孜藏族自治州的历史记忆中，成为自己对故土文化的一种基因传承，没有刻意去关注茶马古道之类的事情，但却自然地非常认同。

康定是两河交汇之地——打折多，必然成为茶马古道重镇，茶马互市的重要场所，也成为藏汉民族政治文化和商贸物资的交汇地、融合地。甘孜藏族自治州面积辽阔，南北都通达西藏，也通青海，在南部的理塘也是一个商贸集散地，经巴塘到云南迪庆州、再到西藏；从康定出发北部经过道孚炉霍，在甘孜县又成为一个集散中心，然后到康巴文化中心德格，到西藏昌都，或从石渠通往青海玉树……

中国藏茶文化口述史

弘扬民族文化受益匪浅

总之，我们收获很多，但是时光和历史书写的文化里，也充满了不少的遗憾。不知不觉，我的笔记记了三个本子，录音笔两只都满了。我把田野考察中所有我听见看见的精彩和感动我的人事物都收集在了我的"百宝箱"里。

我终于明白，我翻开了一本自己过去未曾留意的大书，这本大书，一旦翻开，一旦走进去，我就开始饶有兴致地读起来，我读着雅安的茶叶史，读着历史上中央王朝与藏民族和其他民族的关系，茶叶与王朝统治边疆的策略和各种关系，读着我们身处的甘孜藏族自治州历史文化中一段重要的篇章，读着从远古历史到消失的省份——西康省前后的茶马故事，深深地感受着古道深邃的意韵，也体味着古老的中国茶文化与青藏高原水乳交融的文化故事。

古道只是一条线，茶、马只是载体，人才是这个线上的珠子，在险恶或壮美的自然环境里，在风云变幻的社会、经济浪潮中，在历史的不断变迁里，那个闪光的点，仍然是人！背夫、驮脚娃，马帮、牦牛帮，寺院商帮、高僧，汉商、藏商、陕商，需要茶叶的藏族贵族、平民等，那才是历史上一支浩大恢宏的队伍，他们的传奇，他们的故事，他们走过的路径和传递出的人文信息，像网一样铺开来，也筑起了茶马古道文化的魂，他们留下的人文精神，是最闪光的遗产，也是值得今天去探寻的宝藏。

（采访：陈书谦、王雯；编辑整理：蒋秀英、任敏）

21．我与荥经茶马古道

口述人：周安勇，1963年8月生，雅安荥经人。先后任荥经县烈士乡党委书记，荥经县财贸办公室主任、供销社主任、发改局局长、县委宣传部副部长、文明办主任、社科联主席、政协文史委主任、经济委主任等职。

2003年初，我调任中共荥经县委宣传部副部长，在日常的工作与生活中，经常遇到一个很无语的事情，就是大家聊天，摆龙门阵的时候，都能如数家珍、口若悬河地说荥经县如何的历史悠久，如何的文化底蕴深厚，但荥经究竟有些什么历史资源、究竟积淀了哪些文化元素、价值何在？如何古为今用？好像大家都说不出所以然。这大概就是苏轼所言"不识庐山真面目，只缘身在此山中"吧。

由于年少时受环境和家庭影响，文化基础不足，理论水平不高，多年来我一直想弥补，倒是养成了爱看书、爱学习，凡事刨根问底的习惯，所以一直在思考"荥经究竟有些什么历史文化资源，有什么亮点可以向外界推介"，带着这些问题，我开始了一种新的学习方式，一是阅读有关荥经历史文化的书籍，二是用双脚丈量荥经这方土地，三是用心记录所读之书和所行之路。

探索

在荥经，历代先贤留给我们的东西很多，可惜多是碎片化的。这些东西大体可以分为三类，一是方志和文史资料，二是一些文物（实物），三是民俗风情与民间传说。通过阅读方志、文史资料，可以掌握基本的知识和线索；通过对文物（实物）的解读，可以增强学习的直观感受；通过采集民俗与民间传说，可以丰富阅读的内容，让文化有鲜活感。同时，还有必要阅读一些史书和游记类的作品，把这些搜寻到的大大小小、不同形态的荥经文化碎片缝合起来，逐渐积累成篇。

2003年夏天，我购得一本《齐白石篆刻作品集》，首次见识齐白石先生的"家在清风雅雨间"印章，却不知道原印在何处，也不解其详。因为与雅安市群众艺术馆的刘承智老师相识，在一次闲谈中谈起此事。刘先生感慨地说，那是你们荥经的宝贝啊，它非常精到地概括了荥经的地理位置、物候气象、历史底蕴，既是神来之笔，也是金石华章，书中的印与原件在视觉上是有差异的。说着，他拿出一张张小小的图片，讲述了这枚白石印章原拓的来历：刘承智先生的父亲与陈仲光先生交好，陈仲光便将齐白石为雅安政要所刻的十枚印章钤成一页相赠。在那个特殊的年代，因怕人查抄，刘承智将其剪成一个个小方块，夹在《毛主席语录》里，才得以保存下来。

2004年9月，雅安市承办"第八届国际茶文化研讨会暨首届蒙顶山国际茶文化旅游节"，就是大家说的"2004一会一节"，要求各县区积极参与。荥经县的展场策划分工由宣传部牵头负责，我就以"家在清风雅雨间"为主题进行展场策划，开启了荥经打造"家在清风雅雨间"文化宣传的序幕。同时，因为平常也阅读、收集了一些荥经历史文化、风土人情、旅游资源方面的资料，我们将其整理成册，于2005年出版了《家在清风雅雨间》一书。从此，"家在清风雅雨间"成了荥经的文化名片，齐白石的这枚印章也成了荥经的标志文物。

通过这次活动，我对荥经历史文化的地位、脉络有了一定的了解，初步认为南方丝绸之路与茶马古道，是打开荥经历史文化这个宝库的密钥。于是，我将我的业余时间主要用在考察、研究荥经茶马古道上了。

荥经是我国古代西南地区的边塞要地，交通发达，入荥、出荥道路较多。包括青衣道、雅荥旧路、雅荥新路、荥汉路、荥泸路、羊子岭古道等。这些古道的走向如何、有什么遗存、有什么故事，都需要实地走一走，才能有直观的感受。在十多年的时间里，我对这些路线进行了较为详细的考察。

荥经地质结构复杂，地势高低悬殊，山岭重叠。经济发展、社会变迁，让古道成为记忆和传说，荥汉路、荥泸路都隐没在高山丛林之中，且路途遥远。走路考察，并不是一件容易的事情。风霜雨雪都要经历，急流险滩都要淌过，饥饿干渴都得忍下，严寒酷暑都得承受。

荥汉路是由荥经翻越大相岭到汉源清溪的道路，史称邛笮古道，又称牦牛道，后来成为南方丝绸之路的重要组成部分，自然也是川藏茶马古道上"大路""官道"的必经之路。如果没有走过此路，算不上茶马古道爱好者。只有实地体验考察，才能感受"山横水远"的悲壮。近年来，我分别在春、夏、秋、冬四季多次翻越大相岭，每次都有不同的感受，每次都有所收获。2006年8月，我在汉源茶马古道爱好者李锡东、骆学萍的陪同下，从清溪徒步走到泸定县化林坪。这是一个酷热的夏天，连日的骄阳烤干了路边的庄稼和野草，十多个小时的山路跋涉，衣服上结了一层厚厚的盐霜。口很渴，身体拒绝进水，腹很饥，肠胃排斥食物。我们徒手行走都是如此的艰难，可以想象当年那些身负茶包的背夫，是何等的艰难沧桑！

荥泸路是经荥经牛背山镇到达甘孜藏族自治州泸定县的山路，是"成康道"的一段。因有何君尊楗阁刻石、西旅底平石刻、牛背山等而名声彰显。但分界处的蒲麦地梁山却是高原气候，负重攀登，搞不好会丢了性命。

2005年8月，首届川藏茶马古道论坛在雅安名山举行，我应邀撰写的《荥经在茶马古道上的重要作用》被收入了论文集。这是我的首次成果，能被论坛收录，得到专家老师们的肯定，也是一种鼓励，使我有了继续下行的动力。

何君尊楗阁刻石于2004年3月被发现后，当地爱好者据此认为南丝绸之路荥经段"严道古城—花滩—大相岭—清溪"的路线，应该为"严道古城—花滩—三合—九把锁—泸定"路线。我对此提出不同意见，撰写了《敢问路在何方——对南方丝绸之路（茶马古道）荥经段的推考》一文，于2006年4月应邀参加在西南大学举行的"茶马古道文化国际学术研讨会"被收入论文集。同年5月，第九届国际茶文化研讨会暨第三届崂山国际茶文化节论文集也收录了该文。

2006年11月，川藏茶马古道论坛暨蒙顶山国际茶文化研究会第一次会议在名山蒙顶山举行，我应邀参会，向大会提交了《古道背歌——荥经背夫访谈录》。

发现

荥经龙苍沟是离成都最近的一个国家森林公园，也是荥经县各类资源最为富集的地区，尤其是天生桥的鬼斧神工让人惊叹。但我感觉我们没有人对它进行过详尽的考察，缺少整体认知。于是，我多次提出组织力量对龙苍沟进行考察。2008年"五一"黄金周期间，我带领一行人，在龙苍沟的深山密林里跋涉了一周，同考察组成员王鹏联合撰写了《龙苍沟文化旅游资源考察报告》，后来获得雅安市第十二次哲学社会科学优秀科研成果三等奖。也就是这一次考察，发现荥经有大面积的鸽子花（珙桐）群落，这一发现在各界引起了极大的震动，市委、市政府要求荥经对龙苍沟野生珙桐资源进行调查。经荥经县林业局调查，仅龙苍沟境内的黄沙河、清水河流域就有79787亩野生珙桐林。之后，我又提出"把鸽子花打造成国花，让荥经走向世界"的建议。

2010年，我完成了雅安市哲学社会科学研究项目《推进雅安特色文化发展的思考》，对雅安地方特色文化的内涵，发展雅安地方特色文化的意义，雅安文化发展繁荣的基本定位，如何推进雅安地方特色文化建设进行了探讨，此项成果在市社科联重要成果专报2010年第12期发表后，得到市委、市政府、市人大常委会领导的肯定。

为了促进川藏茶马古道的系统研究，2011年初，雅安茶马古道研究中心成立，它以承担茶马古道申遗工作为主要任务，全面开展川藏茶马古道雅安段的调查研究、发掘整理、保护开发、包装推介等工作，使之服务于雅安经济社会的发展，服务于雅安人民的精神文化生活。

应市博物馆李炳中馆长之邀，我利用业余时间参与了筹建全过程。茶马古道研究中心成立后，即着手开展工作。一是由雅安市文新广局、博物馆、电视台以及部分本地专家组成考察队，对雅安市茶马古道进行了为期十多天的系统考察。这次考察从毗邻雅安的邛崃出发，经雅安的名山、雨城、芦山、天全、荥经、汉源及甘孜藏族自治州泸定县，行程近千里，于2011年8月形成《川藏茶马古道（雅安段）考察报告》。对雅安茶马古道的线路、遗存、保护现状进行了系统梳理，提出了"抢救保护应尊重历史、突出重点""抢救保护应加强宣传、强化各级责任""抢救保护应立足保护，重在开发利用"的措施和建议。同时筹备"茶马古道文化遗产保护（雅安）研讨会"。8月21日，雅安熊猫电影周配套主题活动之一的茶马古道文化遗产保护雅安研讨会隆重召开。国家文物局单霁翔局长、四川省文化厅郑晓幸厅长等出席研讨会，研讨会同时对外发布了《川藏茶马古道（雅安段）考察报告》，发表了《茶马古道雅安共识》，出版了《边茶藏马——茶马古道文化遗产保护雅安研讨会论文集》。

2016年11月，"中国商业史学会川商史专业委员会揭牌仪式暨首届川商与区域发展学术研讨会"在四川商务职业学院举行，我应邀参会，并在会上做了《"裕国兴家"川藏茶马古道的文化精髓》主题发言。

在采风过程中，得知新添乡太阳村一个叫茶房上的地方有野生枇杷茶老茶树，我立即前往调研，发现该地石华芳家有20余亩枇杷茶，有老树10余株。通过查阅资料，获悉四川农业大学茶学系对荥经枇杷茶作了分子量化分析，为荥经枇杷茶的发展提供科学依据。荥经枇杷茶中咖啡因、茶多酚和儿茶素含量较高，适合做红茶。

2017年3月29日，西南茶文化研究中心孙前主任陪同中茶所虞富莲研究员来到荥经县，考察古枇杷茶树。看到12米高的乔木大叶茶、300多年的小乔木大叶种和众多的灌木茶园时，虞富莲先生大感意外。每到一棵古茶树前，虞老都会亲自拿出卷尺测量茶树胸径和高度,记录每棵树的资料,并向当地茶农详细询问茶树的来历和生长过程。"没有想到四川荥经还有这样高大的乔木古树,感觉发现新大陆一样,收获很大,不虚此行。此次荥经古茶树考察行彻底改变我以往对川西茶树和茶资源的认识。"

2018年7月,虞富莲教授《中国古茶树》再版时,收录了中国古茶树500余株,其中荥经县5株。目前太阳村已成为荥经荥泰茶业有限公司的产业基地,荥经枇杷茶也成为该公司用心培育的新产业之一。

收获

2010年底,我调任荥经政协文史委主任,搜集、编印文史资料成了我的本职工作。

经过多年的积累,我认为编辑茶马古道文史资料的条件已经成熟。于是我向领导提出方案,启动了荥经文史第十辑《荥经茶马古道》的编辑工作。2011年底,我调任政协经济委主任,仍然继续担负该书的编辑工作,历时5年的征集和精心编撰,荥经文史第十缉《荥经茶马古道》一书于2016年底完成印制,顺利出版。

《荥经茶马古道》一书全书38万余字,收录图片200余张,由四部分组成,分别为:文献选辑与古道推考、茶叶专章与古道民生、古道记游和古迹传说。四部分内容分别对茶马古道以及南方丝绸之路、藏羌彝文化走廊、旄牛道等在不同历史时期承载的主要功能进行了阐释。该书涵盖了众多有关茶产业、茶文化、背夫、砂器的文章和图片,名人学者、行者对茶马古道遗迹考察、研究、体验类的文章和图片,以及有关描写荥经茶马古道、茶产业、茶文化的诗词、歌赋、散文、摄影作品。资料翔实可靠,意在充分发掘、抢救、保护和开发茶马古道资源,留史、存志、资证、育人,挖掘荥经历史文化,弘扬茶马古道精神,构建荥经特色文化。

在编辑过程中,该书得到四川省社会科学院研究员、四川师范大学巴蜀文化研究中心教授、博士生导师段渝先生的关注和支持,并撰写了序言,他认为"本书在更广阔的层面上为南方丝绸之路和茶马贸易研究提供了十分可观而富于重要价值的历史资料",他相信"本书的出版,不但对荥经经济社会和文化的发展具备重要意义,而且对南方丝绸之路和茶马贸易的进一步深入研究也具备重要的学术价值"。中国国际茶文化研究会副会长、西南茶文化研究中心主任、四川省茶文化协会副会长孙前先生也给予了高度评价,他在序言中写道:"这是一本选题面宽,研究有深度,一些见解有新意,博取多家议论,允许争鸣并存的书,是研究川藏茶马古道、南方丝绸之路、三星堆与东亚文化不可不读的书"。

茶人、茶叶、茶事、茶道,共同构成了茶马古道文化。《荥经茶马古道》一书发行后,我又积极开展纵深研究,把关注茶人、参与茶事作为茶马古道研究的重点,意在让《荥经茶马古道》的成果转化为现实的生产力,服务于桑梓的发展。我还先后发表了《雅安藏茶沿革》《荥经茶诗联品析》《长寿之饮,荥经砂器煮水泡茶》等文章。

2019年,我义务为荥经县茶业协会、政协界别小组做《荥经茶文化"一窥"》的讲座,为荥经中学学生做《荥经茶马古道》的讲座。

十多年来,我先后编辑了《红军长征在荥经资料选辑》《月影禅心》《多彩三合,梦幻牛背》《荥经楹联征集汇编》等地方性文献资料,发表了40余篇稿件。从我的实践来看,欲识庐山真面目,只能身在此山中。

与茶马古道结缘以来,在学习中研究、在研究中学习,深感古道历史的厚重。近年的所思所得,在浩瀚的茶马古道历史长河中仅是管中窥豹,不一而足。在此过程中比起编辑、出版和发表的书刊、文章、荣誉来说,有幸因此而结识的各类专家、学者,以及个人知识、见地的提升,才是我涉足茶马古道最大的收获。能成为茶马古道上一个初学的行者,是我人生之幸。古道不朽,情怀古今!

(采访:陈书谦、王雯;编辑整理:周安勇、唐立忠)

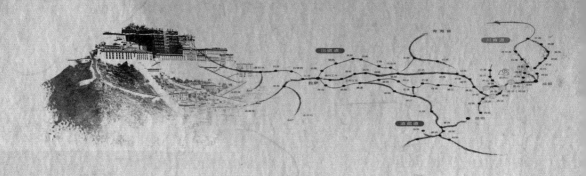

第四部分

见证川藏
茶马古道

22．古道茶缘

口述人：董祖信，1939年生，四川泸定人。退休教师，曾供职泸定县文化馆、县委党校等，当地历史文化、茶马古道文化研究爱好者，《甘孜日报》史学随笔专栏撰稿人。

1939年农历六月，瓢泼大雨下了三天三夜，飞越岭西北麓下的龙巴铺（今泸定县兴隆镇）几条沟"走龙"，就是发生大型泥石流，冲走了龙巴铺半条街。川藏茶马古道上成群结队背茶包子的背夫，只能绕道而行，持续了二十多天。就在这一年，我出生在周时的笮都、秦时的笮都县治、汉时的沈黎郡治——今天的泸定县兴隆镇沈村。后来乡亲们都说："你是水打（冲）龙巴铺那年生的。"

到了四五岁，我常常跟着大人们去冷碛或龙巴铺赶场，北方叫赶集，一路上都会看到很多背夫苦力，特别是背茶包子的长长的队伍，一般都是十多人二十人一队，提着拐子，结队而行。在窄窄的花岗石铺成的大路上，赶场的人都要站在路边让他们先走，因为他们背得很重，走得很急。特别是一些十多岁的小背夫，大家叫"小老幺"，甚至还有胸前挎着小孩的女背夫，更是让人刮目相看。

到了场镇，原本不宽的街道两边的商铺里面和屋檐下面，摆满了从汉源街运来的橘子、白梨、茶叶、黄烟、白酒、挂面、草鞋、草帽、坛坛罐罐、砖盐（以前自贡产的砖盐，又叫大盐）等，应有尽有，看得人眼花缭乱；各种糖果、小吃，逗得小孩子们口水流，拉着大人要买这买那。遇到口渴想喝水的时候，父亲就会把我带到街边的茶馆里，泡上一碗盖碗茶，用茶盖舀茶给我喝，觉得很解渴，还有一股清香味。父亲告诉我："这是从雅州运来的茶。"父亲毕业于原"国立康定师范学校"，新中国成立前是个教书先生，他让我认茶坊招牌上的"茶"字。从此，我与"茶"结下了不解之缘。

冬天赶场，有时会遇到驮茶包子的马帮，大人都要把小娃娃往路外边拉，怕被撞倒。长长的马帮，十匹左右就有一个袒露半肩、背挎长枪的藏族人押运。"哐当、哐当"的马铃声不绝于耳。在我童年的记忆里，古道上背夫背的是边茶，马帮驮的是边茶，我们口渴喝的还是边茶。

新中国成立，我成年以后参加工作，作为一名教师，我对本地历史文化、茶马古道有了更多的兴趣爱好，一些成果陆续见诸报端。现在退休了，就有充裕的时间，继续我的古道茶缘。

茶道寻踪

"饥者，歌其食；劳者，歌其事。"多年前，倪德元、席珍、阳昌伯三位当地老同志收集整理的《古道、口溜子、背夫》，记述了茶马古道泸定至康定段的风土人情，可惜有关坭头（今汉源县宜东镇）到化林（今泸定县兴隆镇化林村）段的内容，只有寥寥数语。为使茶马古道《背夫溜子》更为完整，我多次走访泸定的老背夫，但仍觉得不够满意。2006年6月27日，我邀约李朝元、贺玉学一起再走茶马古道，搜集当年的《背夫溜子》，历时3天，写成两篇日记，篇幅有限，这里不再赘述；写了诗、词、顺口溜各一则，分享如下：

七言·茶马道上一线天

一线天通洞中天，危崖宛似千佛山。

千佛身高入霄汉，流沙水低潜龙滩。

飞瀑高悬青天外，湍流低入拱桥端。

涉水跋山走坭头，茶马道上多奇观。

沁园春·茶马古道

蜀王贡嘎，长河古渡，飞越雄关。

想沈村重镇，周秦笮都，汉郡唐县，往事如烟。

化林龙巴，街道齐整，商贾云集驮铃喧。

忆当年，茶马古道上，几多辛酸。

负重跋涉长途，出坭头西望无数山，难爬老君关。

三交城头，伏龙寺侧，越岭翻山。

逾摩岗岭，过雅加埂，华羌和睦交易繁。

皇桥通，千年古道改，康定东关。

顺口溜·从飞越岭下坭头

飞越岭上望贡嘎，云遮雾障不见它。

东望相岭清溪县，众山拱伏在下面。

伏龙古刹古碑古，肇自元代迄洪武。

林口中间放哨坪，而今古道少行人。

青石板上拐杵凹，碗大杯小尚存多。

头道桥到水井湾，千年古树在路边。

衔泥沟下三交坪，多数均为骆姓人。

乙未状元骆成骧，金字匾额门上方。

丁字坪过高桥沟，一线天美不胜收。

老君关下桅杆坝，坭头新街可住人。

桥楼子访李二爸，进门就把拐子拿。

背夹子和茶包子，多少穷人被累死。

茶马古道顺口溜，千年万载不能丢。

以上诗、词及日记刊载于《甘孜日报》董祖信专栏。此次走访、搜集的口头记录多，文字资料少，加上连日来艳阳高照，暑气逼人，只好暂时告一段落。

中国藏茶文化口述史

2006年秋末冬初，我们3人又约上吕怀定，一行4人再走茶马古道。此次空气清爽，气候宜人，收获颇丰。沿途走访了几位年迈的老背夫，参观了坭头茶店、大院，还搜集到陈书谦先生、骆学萍女士收集整理的背夫口溜子，买到一本汉源茶马古道编委会编写的《茶马古道——从草鞋坪到飞越岭》。里面有李锡东、郭朝林、骆学萍等人的文章，以及曹启东老先生的精美插图。

我们从沈村乘车到化林，徒步翻飞越岭到坭头。沿途林木葱郁，芳草萋萋，古道蜿蜒，景色秀美。一线天、高桥沟、马刨石，或壮美、或幽深、或神秘，都让人流连忘返，拍照后抵达目的地已近黄昏。次日，由坭头经富庄到九襄。

旧社会有"背不完的汉源街，填不满的打箭炉"的说法，"汉源街"指的就是九襄。从这里往北三十里，我们游览了历史上的"牦牛县治"——清溪古镇，感受"清风雅雨建昌月"的"清风"。清朝雍正甲寅年，果亲王允礼奉差往泰宁，腊月十四日，过大相岭"抵清溪县宿"；乙卯二月，返程回京，初十日，从坭头出发，"憩富庄。宿清溪县治。"都说的是这里。这里是著名的汉源贡椒产地，亲王往返皆宿，当年一定热闹非凡。我们参观了文庙，到城门洞前照相，远眺牛市坡后，乘车返回九襄。

这一次"茶道寻踪"，收获满满。返回时，一到化林坪街口，就看到了果亲王诗碑。果亲王允礼是康熙皇帝第十七子。雍正乙卯二月，奉差泰宁回京，宿化林都司署，回顾由泰宁到化林沿途所见所感，题《七绝》一首：泰宁城到化林营，峻岭临江鸟道行。天限华羌开此地，塞垣宜建最高坪。

后来，由化林都司赵良臣刻碑立于化林营东门外。看到这些景观，我有感而发，沿途写成日记多篇（略），作诗八首：

上化林

鸡鸣拂晓驱车行，一路颠簸上化林。

陈年老街多次过，亲王诗碑又重寻。

登飞越岭

化林徒步登雄关，峰峦耸翠白云端。

蚁转蛇行九道拐，附山临涧十八弯。

飞越岭上

飞越岭上雾如烟，风起云涌狂涛翻。

仿佛置身南海上，霎时忽现普陀山。

伏龙寺古碑

伏龙古刹锁伏龙，古碑孤立荒草丛。

肇自元代迄洪武，字迹隐匿石花中。

伏龙寺在汉源县三交乡翻飞越岭的古道旁。古碑保存完好，因年代久远，碑面长满石花，字迹隐匿其中，刮去石花才能看到："伏龙古刹，肇自元代起工建立，至大明洪武时工竣……"等字样。

古三碉城

韦李筹边三碉城，唐蕃古道少行人。

镇峦"五古"今尚在，亲王足迹无处寻。

笮马牦牛换茶盐，舆夫苦力是功臣。

青石板上拐杵凹，满盛藏汉手足情。

三碉城又称三交城、三交坪，现汉源县三交乡。清代清溪训导冯镇峦有诗曰："唐筑三碉城，西羌久不战。韦（皋）李（李德裕）善筹边，名王供珍膳。笮马与牦牛，耕凿民风变……四周云水碉，牛羊满溪涧……"

过高桥

高桥壁陡如刀削，高桥沟深不可测。

谷深流湍难见底，悬崖猿猱愁攀越。

华羌隔断几多载，黎州西望音尘绝。

中国藏茶文化口述史

李春何年显身手，高桥飞渡无阻隔。

坭头驿

黎州西塞飞越县，茶马道上古驿站。

依山临水有旧城，舆夫苦力住新店。

行商坐贾连桥楼，马都驮驴结长串。

一从川藏通公路，千年古道又改线。

坭头驿，俗称坭头，今汉源县宜东镇，唐时为飞越县治所，川藏茶马古道重要的古驿站和中转站，属古黎州。川藏公路通车后，输边雅茶运往打箭炉不再经过坭头，古道逐渐冷落，从此寂矣。

清溪古镇

相如持节使越嶲，壮士开辟灵官道。

牦牛县内无牦牛，清溪古镇有孔庙。

四人结伴同拜谒，城门洞前把相照。

一路顺风下黎州，天朗气清人欢笑。

清溪是古牦牛县治，后设清溪县。城墙大都撤毁，留一城门洞。城内有孔庙，建筑颇壮观。以上纪行之诗，刊发于《康巴吟》2009年第四期。

茶和泸定

"茶真是神奇的东西，世界上大部分地区的民族都被这小小的树叶征服了。"（单之蔷《中国景色》）古书中记载，茶久服安心益气，聪察少卧，轻身耐老。

茶是中华民族对世界的一项伟大贡献。"在茶面前，英国女王的下午茶与成都茶馆中老媪的盖碗茶，是平等的。都是'忙里偷闲，苦中作乐'，在不完全的现世享乐一点美与和谐。在刹那间体会永恒。"（单之蔷《中国景色》）年逾八旬的我，也有忙里偷闲去品茶和以茶会友的习惯。在政通人和、民殷国富的当今社会，"品茶"，品社会、品人生、品文化，成为一道靓丽的风景。

位于康巴东大门的泸定，地处青藏高原和四川盆地的过渡地带，冬天没有青藏高原的严寒，夏天没有四川盆地的酷暑，大渡河纵贯全境，河东为邛崃西山的隆起部分，居民多为汉族人，主要从事农业；河西为连绵不断的横断山脉，居民多为藏族人，主要从事牧业。

横断山，对中原王朝和汉民族而言是"横断"，对于西南少数民族而言则是民族迁徙、南来北往、互通有无、交流融合的大通道、大走廊。

《太平寰宇记》记载："和川路在严道县西界，西去吐蕃大渡口五日程。"这个大渡口便是"千古长河（沫水）第一渡"——泸定县兴隆镇的沈村宜牧古渡口（《康熙御碑》）。到了唐代，由于茶马互市和唐蕃之间的农牧互补，渡口两岸人来人往，络绎不绝，舆夫苦力逐渐以大渡口代替了沫水的河名，而成了大渡河。以后又以河名定县名，在古堡沈村设大渡县。撤县后曾筑大渡城、设大渡戍。

沈村的木船渡和溜索渡为川藏茶马古道要津，把大渡河西岸的游牧文明和东岸的农耕文明连了起来。让周边的10多个民族在这里"经过接触、混杂、联接和融合……形成了一个你来我去、我来你去、我中有你、你中有我，而又各具个性的多元一体"（《费孝通民族研究文集》），即后来所称的"藏羌彝文化走廊"。

泸定是川藏通衢，茶马古道必经之地，沈村的宜牧古渡更是贯通川藏的要津。在古代，大渡河上的笮索和木船使汉地的茶叶、盐及生活必需品跨越天堑，运往西藏；再把西藏的笮马、牦牛、药材和土特产通过大渡河，运出。至明万历四十二年（1614）十一月，川藏茶马互市的中心一直在泸定沈村（见《万历合约》）。旧时的沈村南有宁远寺、阳司庙、土司衙署、头人豪宅；北有白马祠（汉代将军庙）和白马古冢，西北有高大雄伟的八角楼；西面的茶马古道通往千古长河第一渡——宜牧古渡，古渡边的小平坝水草丰茂，是放牧笮马、牦牛的好地方，故名宜牧。

中国藏茶文化口述史

茶马古道北面的塔子坝平坦宽阔，是自古以来茶马互市的交易市场。老街呈南北走向，一条正街四条巷，茶坊、酒店、饭馆、旅馆、茶仓、官店等一应俱全，市场繁荣，生意兴隆。可惜于万历四十二年十一月因战乱被焚毁（见《万历合约》）。

关于《万历合约》

一九九一年秋末冬初，中共泸定县委统战部办公室来了两个人，沈村三队的余启仁和余启福，余启仁还拿着一捆陈旧发黄的纸。他们打开纸捆，一张张摊开，让大家细看并说明来意。这些陈年旧纸，大多是清代、民国年间的地契、纸约，其中一份明代万历年间的合约引起了我的注意。在场的同志看完，一位主任做了记录，二人将契约捆好就离开了。我将二人送出县委大门，告诉他们："一定把这些东西保管好，等我回来再看一遍。"

星期天下午，我到了余启仁家。他拿出那捆旧契约，让我打开再次细细地查看。后来我将"万历四十五年三月十一日"明正管家余那等人和沈边土司余景冬及冷、沈耆宿一十三枝所签订的合约拿了出来，认真读了几遍，并作了笔记。因为纸质合约已保存四百多年，有的字已经残缺，我告诉余启仁："对这份契约要单独妥善保管，千万别再把字弄残缺了。"

回头忙了几天，总放心不下，觉得这是一件难得的珍贵文物，再不能损坏。于是我又到余启仁家，征得他的同意，将合约带到成都，请有关专家修复。由于费用太高，我又将文物带到《四川法制报》社龚伯勋老师那里一起研究、拍照，然后标点、解读。我们将合约命名为《万历合约》，然后共同写了一篇短稿刊发于《四川法制报》和《四川民族》杂志。

从成都回到沈村，我将《万历合约》完璧归赵，交与余启仁先生。然后对放大了的《万历合约》（以下简称《合约》）照片进行认真、仔细的阅读和标点。《合约》正文共493字，参与者25人（包括沈边土司余景冬），有印章5枚（方3枚、圆2枚）。全文无自然段落，无标点符号，结构严谨，叙事清楚，文句通畅，书写流利。可分四段：一、历数大坝雍中达结勾结董布的三大罪状；二、应对董布等人的办法；三、要达到的目的：决要董布输、服；四、对违约者的惩罚条款。由于《合约》原件及复印件皱、折处有的字迹脱落、缺损，恐今后难于辨认，我便写了《宜牧古渡和万历合约》，将《合约》全文做了较为详尽的介绍，文章刊发于2006年10月19日《甘孜日报》董祖信专栏。时隔一年多后，在沈边余土司后人家中，又发现清代乾隆年间手写本《余氏家史》。我将两件文物进行研究后写了《〈余氏家史〉与〈万历合约〉——见证沈边五百多年历史》一文，载于《甘孜日报》。

至今已400多年的《万历合约》，是一份研究茶马古道、川藏交通史、边茶贸易史的珍贵文物。我先后将《万历合约》复印件赠送给了成都、雅安、康定及泸定的龚伯勋老师、孙前副市长、蒋秀英主席及孙光骏先生等人，希望《万历合约》对他们的研究有所帮助，并能在他们的作品中保存下来。两年后，我陪同孙光骏先生到余启仁家，将原件收购，现存于泸定县档案局内。

茶马古道

在泸定县境内，茶马古道在不同的历史时期有不同的称谓。

秦汉时期"巴蜀民或窃出商贾，取其笮马、僰僮、牦牛，以此巴蜀殷富。"称其为"邛笮古道"和"牦牛古道"。

到了唐代，因朝廷"以茶易马"，就成为当代所称的"茶马古道"。"夫物有至薄而用之则重者，茶是也。始于唐而盛于宋……"（《明实录》洪武三十年三月癸亥）。"西域易茶，始自唐时。蛮客惟知冷（碛）、沈（村）投落买茶，历年无异……（《万历合约》）。"

唐代由蜀郡成都经临邛、汉嘉、严道、清溪、坭头翻飞越岭到沈村过大渡河，逾摩岗岭经磨西面、喇嘛寺，翻雅加埂到木雅草原，又被称为"西夷古道"，后来延伸为川藏茶马古道。

明代打箭炉兴起，"万历四十二年十一月内，（董布等）统通炉铁甲，数千生番，沿途劫抢，沈（村）堡顷刻成灰……"（《万历合约》）此后，

中国藏茶文化口述史

茶马互市中心转移到打箭炉。

　　川藏茶马古道以茶叶、粮食、布匹等生活必需品为主要物质载体，以背夫为主要运输方式。为了把背夫们经长途跋涉把茶背到康定的艰辛历程和背夫们苦中作乐的精神状态重新展现出来，把背夫口溜子补充完整，我又两次重走茶马古道，采访多人，经过综合整理，将文稿发给报社。过去虽然在报纸、杂志上发了《青石板上拐杵窝——探寻川藏茶马古道》《泸定境内的茶马古道》《茶马古道上的歌谣》等多篇文章，直到后来亲自去了五里沟、岚安、磨西面、雅加埂等处实地察看走访，才写了《川藏茶马古道经泸定，到拉萨，至南亚》。有一次在茶馆聊天，听到一位读者说："报上的文章长了，觉得读起来恼火。"2011年8月，在雅安参加"茶马古道研讨会"，聆听了闽、台、京、渝、川、滇、藏等地专家学者的发言。回到泸定，尝试用诗歌的形式记录了茶马古道采风的所得：

茶与茶

东方灌木名为茶，摘叶蒸晒经制作。

相传神农尝百草，不为饮料而为药。

蕃人喝茶若甘露，荡涤肠胃解烦渴。

宁神醒脑除顽疾，轻身延年得安乐。

茶马古道·青藏线

陕甘青藏唐蕃道，历史悠久故事多。

贞观十五年正月，文成公主入吐蕃。

江夏王名李道宗，奉命送亲历坎坷。

车水马龙数千人，百物工匠及医药。

自此唐蕃一家亲，使者往来如穿梭。

茶既为药又为饮，从始大量输吐蕃。

茶马古道·川藏线

茶马古道逾千年，雅茶输边易马还。

固疆守土充国库，西夷贡赋入中原。

相岭西去秋霜冷，雅加积雪朔气寒。

背夫年年背茶苦，拐杵声声行路难。

数万茶包堆山厚，全凭人力运送完。

茶马古道·滇藏线

驮马铃声说马帮，蜿蜒曲折古道长。

锅头扬鞭走千里，茶入蕃地销四方。

酷暑跋山汗如雨，严寒涉水蹈冰霜。

滇藏运茶靠畜力，马蹄足迹记沧桑。

"茶马互市"早已成为历史，远山丛林中若隐若现的茶马古道，那些珍贵的历史见证，随着社会经济的快速发展、高铁和高速路的延伸逐渐离我们远去。茶马古道曾经对我国多民族经济、文化的交流、融合和发展，对中华民族多元一体格局的发展与形成起到难以估量的作用。在对泸定茶马古道的探讨过程中，我惊奇地发现，凡是舆夫苦力食宿站点的地方，都形成了大小不同的街道。原泸定十二个乡镇，除杵泥、田坝两乡（明代因杵坝茶仓；清代泸定桥建成，茶马古道改道）外，都有街道。茶马古道促进了集市贸易和街道的形成、发展。集市贸易的形成和发展又促进了多元文化的交流、融合，以及文物古迹的产生、留存。牦牛古道边的奎武发现汉代五铢钱，邛笮古道上的沈村出土战国时期巴蜀柳叶形虎纹铜剑及汉砖、汉瓦，冷碛甘露寺的唐墓残碑，沈村佛耳崖万历摩崖石刻和万历残碑、龙巴铺观音塘的万历造像石碑，化林坪清代康熙、雍正、乾隆、嘉庆、道光年间的石碑等，都与茶马古道息息相关，也是茶马古道独特历史文化价值的重要线性文化遗产。

中国藏茶文化口述史

　　茶，以其独特的魅力，获得人们的青睐。我是四川人，喜爱川茶，特别是藏茶。不管是花茶、素茶，还是酥油茶，都喜欢。今天，藏茶走出四川，走出国门，这是我们所高兴看到的，希望它能享誉世界，有更加广阔的前景。

（采访：陈书谦、徐文艺；编辑整理：董祖信、唐立忠）

23．宜东古镇见闻记忆

口述人：陈登才，1921年2月生，汉源宜东人。1951年参加工作，原汉源县宜东区公所干部。退休后被聘为《汉源县志》编委会责任编辑。爱人罗翠兰，1923年7月生，汉源宜东人。1955年参加工作，1985年退休。2008年11月27日下午，西南民族大学杨嘉铭教授前往位于雅安假日广场4楼的陈老先生家中，对二位老人进行口述采访，研究生王田对口述笔记和录音进行了初步文字整理，陈书谦秘书长又进行了补充完善。遗憾的是，陈登才老先生、杨嘉铭教授已先后不幸作古，我们谨在此向他们表示深切的缅怀和感恩之情。即将百岁高龄的罗翠兰老人已卧床休养，我们诚挚地祝愿她老人家人如心愿、健康长寿。

我们的家

我们都是在宜东出生的，从小在宜东长大。我（陈）家在下街，我妈妈是当地人，父亲是川北乐至那边的。父亲老家那边以前很穷，很多年轻人都要外出求生活，父亲走到宜东留下来做工，后来就在这里安家了。婆婆（罗）的父亲是当地人，旧社会在西昌地区的普格县当过县长，退休后回到宜东，把后街老家的房子整修以后开了一家马店，当地叫"罗马店"，又叫"罗家院子"。说是院子，其实只有三面一楼一底五开间的木结构房子，进院子的门楼加上右侧的马厩算一排，进去右边一排是正房，除自家人居住外其余作客房；左边一排底楼是马厩，歇马喂料，楼上堆放柴火草料等杂物；

中国藏茶文化口述史

院子大门对面是一面高墙，隔壁是曾家的，他们家的土墙碉楼已有一百多年的历史。

"罗马店"是专门歇牲口（马匹）的，只住马帮、不住茶背子（背夫）。两排马厩每天可以歇七八十匹马，算是最大的马店。那阵背茶的多，"桥路子"那一带家家户户都是歇茶背子的茶店，马驮的少，康定、泸定、瓦斯沟一带出来的马都歇我们家。马队驮运一般是比较贵重的东西，去时驮茶、粮食、布匹之类，回来驮中药材、羊毛、皮张之类。

那时候歇店是包吃包住，住宿两人一个铺，包一顿饭。旧社会女子是不准去外面耍的，我们（罗）只能在家里做饭。

我（陈）父母没有文化，妈妈在街上做点小生意。我从小喜欢读书，父母亲支持，鼓励我多读书。先私塾，后小学，再后来考上康定"国立康定师范学校"，再后来又到成都的华西学校读过一段时间。因为家里穷，负担不起，就辍学回家了。

当年虽然没有文凭，回到宜东也算是有文化的人了。所以当时的镇长王慕膏三番五次地到我家来，要我去宜东小学当校长。实在推不过，就去当了一段时间，没想到后来成为我大半辈子的包袱。很久以后才知道，当时国民党退守四川，到处发展党团组织，我们在边远的宜东，居然进入了县上集体加入"三青团"的名单，这个说不清道不明的"团员"，成为历史问题，尽管我的家庭成分是贫农，还是给我们一家人带来很大的祸害。

汉源解放以后，我就参加工作了，从土改分地到户、丈量土地开始，到成立区公所担任"财粮"的干事，一直到二十世纪六十年代被下放到生产队劳动，就是因为新中国成立前担任过宜东小学"伪校长"、参加过"三青团"的原因。

改革开放以后，党和政府的政策好，给我落实政策恢复退休待遇，又聘我担任专职编辑，到汉源县志办公室具体负责县志编纂工作。老伴从1955年就响应政府号召，当了宜东综合商店的会计，一直工作到1985年退休。只是后来县供销社指导宜东综合商店解体，资产交给宜东供销社，退休人员指定分配一些商品，就停发退休费了。1992年，为了照顾小孙子来雅安读书，我们就搬到了雅安，至今也有很长时间了。

因茶而盛的宜东镇

老家宜东，以前老百姓都叫坭头、坭头驿，在古道上正好位于雅安到康定的中间，距两边各有270里山路，往东到大相岭80里，往西到飞越岭60里。从清朝康熙年间以来，这里"陕商萃集"，成为盛极一时的茶马古道上的重要驿站。

当时宜东镇上马店少，茶店多，雅安、名山、邛崃、荥经稍微大一点的茶号都在宜东设有分店，比如孚和店、义兴店、天真公、祥盛店、恒泰店、永昌店、姜公兴等七八家。

镇上的马店有五六家，我们家叫衙门口罗马店，后街有余成龙、罗正陛马店，猪市坝有陈老大和张家马店等。驮茶的马帮有富庄、双河、周家岗、火烧石、大埝的，还有瓦斯沟、三道水一带的，他们从康定驮羊毛出来，每捆羊毛60斤，每匹马驮两捆，交茶店后就"捆茶"驮回康定。《康定导游》说："运炉（康定）货者，一半靠恃骡队，一半委于人背。"其实人背的是绝大多数全县不论是驮茶的"马帮"和"背茶"的人都要在宜东"捆茶"，因为"中转站"只此一处。

现在的清溪古镇是古代的黎州城，要管辖汉源、飞越、阳山、大渡四个县，宜东是飞越县府所在地，宜东街头建有"飞越坊"。《汉源县志·寺庙志》说：古飞越县坊，在坭头场东，自明以来，即建有此坊，然倾已久矣。民国初，改坭头驿为分县，乡人怀古遂重建此坊。其坊四列三空，宽三四丈，横跨宜东场口，中间是骡马大道，两廊既是通道，又有宽厚的地脚坊供人休息，挨椽处有白底黑字的大匾：东刻"古飞越县"，西刻"黎州西塞"；左右两匾，各写"崇山""峻岭"两字，背面刻有小字，记得第一句是"吾邑丛山峻岭……"，后面的记不清了。

"飞越坊"后面有一座白塔。资料上说，同治七年建修字库一座，光绪二十四年改建一塔，高三丈，底层仍作字库。

有"关帝庙"，清康熙四十二年（1703）建，碑记上说："圯头地当两泸要冲，陕商萃集，于此仰荷神庥，因捐资购基建庙奉祀云。"关帝庙气势恢宏，占地约两千平方米，位置就是现今宜东中学的校址。东门外有三十平方米的草坪，草坪上有两根各两丈多高的石桅杆。桅杆两旁各有三十多步石台阶，各有双扇大门，石刻门联是"扶持名教参天地，树立纲常通古今"。中间是约100平方米的大红墙，墙上斗大四字"神圣文武"。凡是从东边来的人，还在15里外的三溪口就能看到红墙；走到铁匠河，就能看清楚墙上的字。背面通道后有"扯马将军"雕塑，形象逼真，据看庙的人说，红墙两边的大门，只能开一边，如果两边一起开了，两匹马就会跑出去。虽然是神话传说，但是也能说明塑像逼真、艺术水平精湛。

有"文昌宫"，雍正七年（1729）建。有碑记，大意是说现已改设县治，本乡人士泽躬文教，不可无聚会之所，乃酿建文昌宫于此云云。

有"昭华寺"，老百姓叫观音庙，在文昌宫后殿，邑廪生聂正声培修序记载：乡之有昭华寺，自明季始，历年已久，风雨飘摇，道光十七年，业将正殿重修……光绪癸卯岁重修……又于大殿外重修两廊，塑十八罗汉，过厅较前宏广，费用数百金。

有"土主祠"，道光十三年建，供奉"以一城而捍卫天下的土主爷张巡，和都江堰建造者川主爷李冰。"

有"五省庙"，据说是四川、陕西、河南、云南、山西五省茶商明代集资修建的。里面供奉老主菩萨张旬；还供奉修都江堰的川主菩萨李冰。宜东每年有两个庙会，一个会在正月十四、十五两天；一个会在农历六月间。每次庙会街上起码上千人，汉源、清溪的人都要到这边来赶会。

此外还有"惠泽宫"，老百姓叫娘娘庙、魁星阁、禹王宫、贵州馆等。魁星阁高10多米，横跨宜东场口，高出一般民房6.7米多，其顶楼有"魁星点斗"的形象。左面的惠泽宫虽然只两层楼，但地基高，所以顶楼的灵宫楼与魁星阁一样高，与关帝庙的红墙、桅杆、白塔、飞越坊一起成为宜东场东头的一道风景线。

民国时期，宜东前后街分别有2里长，400多户人家。农历三、六、九赶场，每逢场期，人山人海，各种帮会、行业也应时而生，陕帮、洪雅、川北帮等。特别是背茶的人多，宜东场头场尾都是背子房，每晚住宿的背茶人千人以上。

中街是商人、游民的天下，从土地巷至狮子口的中心地段，大烟馆、茶馆、酒馆甚至赌场，包括那些开红宝的，每晚灯火通明，形成夜市。

不幸的是，宜东遭受几次火灾和一次匪劫之后就萧条了。最大的一次火灾是1935年8月28日晚，烧掉了魁星阁、惠泽宫以及民房12家，从此这里成为半边街。

最大一次匪劫是1947年2月26日，土匪400多人在天罡池、李家包架起机枪，控制了整个场镇。首先抓住并打死了镇长王慕膏，绑架了县参议员王汝膏，后来是花了40担大米才赎回来。抢匪早上7点进场，午后3点过才离开，从场头到场尾挨户抢劫了200多背篓的财物，还强迫当地青壮年一直背送到子雅沟里头。

我们都躲在马店背后的竹林里，我家老人从西昌拿回来的一根牙骨烟杆，被土匪翻到拿走了，其他啥子都没拿。他们是顺着后街走的，过去是青冈林，翻过去就是荥经县的子雅沟了。那个时候说"包山岭"，就是指子雅沟的土匪。子雅沟翻过来就是属于宜东的牛厂头，牛厂头下来就是我们宜东街上。

新中国成立以后，匪首王国清在泸定县投案自首，泸定县判了他三年监禁。遭匪抢以后，宜东满目疮痍，土匪横行，人心惶惶，不可终日，一直到新中国成立。

二十世纪五十年代，川藏公路通车以后，宜东街上再也看不到茶背子的身影。只有少量走路进康定和关外（折多山以外）打工、做生意的没有断过。一直到后来泸（定）石（棉）公路通车，有了长途客车以后，从宜东翻飞越岭进康定的古道更加没有人走，宜东也就成为边远落后的贫困山区了。

中国藏茶文化口述史

西去需翻飞越岭

元、明以后的很长一段时期，黎州（今汉源）实行土司制，飞越岭以外是羁縻州。清初岳钟琪在打箭炉驻军，康熙三十八年（1699）果亲王第一次进藏，经过飞越岭，"度形势之要，利商贾之旅"，后来在原来的牦牛小道基础上维修拓宽了飞越岭大道，所以称为"大路""官道"，果亲王后来在西行纪事中有一首诗："飞越岭上难飞越，怪石狰狞不敢行，两岸青山相对出，古今异趣化林坪。"

就这样，以前进藏大路的沈黎道，从清溪—九襄—黑石河—萝卜岗—美罗—磨西—雅家埂—康定，改成了从清溪—宜东—飞越岭—泸定—康定的大路，并在沿途设驿站，康熙四十八年（1709）泸定桥建成，交通更加便利。

雍正七年（1736），雅州升府，打箭炉（康定）设厅，黎大所改为清溪县（今汉源）。汉藏贸易更加繁荣，西藏等地的日常生活用品，油盐菜米酱醋茶以至酒、水果、布匹等，全经进藏的路运入，再将羊毛、药材等特产运出。老百姓说"背不空的汉源，填不满的康定"。

从宜东到飞越岭垭口60里，有关顶、大弯、高桥、三交、晗恩、三道桥、伏龙寺等驿站，每站相距5~15里，都有背子房能住宿，三交和三道桥有茶馆和马店，能宿骡马。

1938年，国民政府考试院院长戴传贤进藏，遇到宜东场东的铁匠河大桥落成，当地官员请戴"踩桥"，戴见该桥平整宽广，即兴命名为"康庄桥"，后用5尺×3尺的石碑工整刻写，碑头题18个小字："治大道，建桥梁，安行旅，惠工商，通腹地，万民康"。

这条古道沿途都有庙宇，有很多传说故事。

伏龙寺，建于康熙三十三年间，寺庙门口的柱石有三尺左右粗大。嘉庆二十二年山门被洪水冲塌。传说伏龙寺原供奉二郎神，蛟龙（又叫孽龙），洪水冲庙时，二郎神被冲入流沙河，孽龙二十四次回头望，都没有挣脱，直接冲出了三溪口，所以流沙河有二十四个望娘滩的小地名。

马刨石，天然一块巨石，立在老君关与大弯头之间，高出地面三尺左右，体积有3立方米左右，石面上很多半圆的马蹄印，相传是二郎神拴马的地方，被马刨出的马蹄印。

高桥大峡谷，深不见底。相传有卖叮叮糖的，不小心连马驮子掉下峡谷去了，第二年过高桥时，骡马还没有落到底，还能听见马驮子上的铃铛在半岩中滚得响。

东出要过大相岭

大相岭，古名邛筰山。西汉元光六年（前129）司马相如持节从巴筰关出使西南夷，走的就是这个地方。《清溪县志》（嘉庆四年版）记载："沈黎大相岭，为川南门户，汉藏通衢，其山之高峻，每到盛暑，犹见冰雪。"传说诸葛亮南征的时候留下了很多处遗迹，所以取名叫大相岭。大相岭最高海拔3388米，是荥经和汉源的县界，也是四川盆地到大小凉山的天然屏障。荥经过凰仪铺至大相岭垭口草鞋坪60里，途中有小关、板房、蛮坡子、七擒桥、大关、长老寨、三大弯，每站相距5～10里，这些地方都有背子房，专供"背二哥"歇气，住宿。背子房和旅店有差别，旅店被褥齐全，有小房间，供官员和客商住宿；背子房只有条凳，草垫子，随地"连天铺"，枕头也是一尺多长的木头。

草鞋坪经24盘又叫24道拐到羊圈门10里，羊圈门是古蜀国王建驻军守城的地方。《清溪县志》说："二十四盘，牛魔旋转，时作方折，行路之难，于斯极矣。"古蜀州刺史王阳走到这里说："家有老母，何能入此险地。"就辞官回家去了。明代状元杨慎路过这里写了一首《大相公岭》：

九折刺史坂，七擒丞相桥，沉黎汉原古，严道蜀关遥，

策马冰槽滑，乘橇雪汀消，我行再经此，感慨一长谣。

从羊圈门再往下走，就到清溪古城了。清溪是唐武侯大足元年（701）设置的黎州，《南方丝绸之路》载：清溪关古城历代在此严兵戍守，素有"小潼关"之称。唐宋时期，茶马交通兴盛。《汉源县志》（1941年版）记载：

中国藏茶文化口述史

"西泸未开以前，沈黎为西南极边重地，历唐宋元明皆重兵戍守，一切茶马诸务官皆设于此。相传唐宋间邑城内外有九街十八巷，茶、马、牦牛三大市，至明有茶店八家，今官街基地犹存也。"《汉源县志》（1941年版）的汉源八景诗中有《相岭雾雪》：

> 千年雾雪压邛崃，万里罡风吹不开。
>
> 绝塞西当银世界，筹边东拓玉楼台。
>
> 盘头不减青松影，岭上谁招白鹤来。
>
> 我忆当年行部处，苍茫云海共徘徊。

后来经张（献忠）吴（三桂）烽火，特别是吴将郝孟旋在黎、雅两州往返七年"七里之乡，居人不及十之三，贫可知矣。"清嘉庆训导冯镇峦感叹：

> 茶马交通事若何，汉唐如梦等闲过。
>
> 九街三市空游遍，拾得颓垣败瓦多。
>
> ……

我们知道的"背二哥"

当年的"背二哥"主要是茶背子，从宜东翻飞越岭到化林坪背到康定的是"大路茶"，从天全翻二郎山背到康定的是"小路茶"。其他还有背粮食、背布匹、背丝绸、背日用百货的；甚至还有背当官的、背贵妇的、背小孩子、背有钱人。

"背二哥"从雅安直接背到康定的叫"长脚"，一般都要在宜东歇脚住店；从雅安只背到宜东就交给转运站的叫"短脚"，转运站再发给其他的背夫背到康定。

我们认识一个"背二哥"大力士，也姓罗。一次能背18包茶，300多斤。每年过了大年十五，第一次背茶上路的时候，茶店子要给他挂红、放鞭炮，把他送起上路。他们每天走得不远，背起茶包子慢慢地走，特别是翻大山，最吓人的，每天只能走20多里地。

218

"背二哥"从宜东背到康定，一般10～15人组成一"单"。"顶单"又称"交头"负责出茶、交茶、记账、分钱。顶单要"具保"。茶背子大多是当地农民，一般在农闲时背茶，挣点零用钱，后来也有很多靠背茶为生的，甚至有的妻子儿女也跟着一起背，确有"白发老人十岁童，淫霖雨汗满云中"的。背五包茶以下的小孩子叫"小老幺"，住店跟着大人一起睡连天铺，不付住宿费。

那个时候茶背子上路都要唱顺口溜的。现在大家叫口溜子，我们进康定读书走在一路也跟着唱：一出门来"灯杆坝"，关顶上的坡坡最难爬；爬上关顶歇一下，大弯头的豆花光渣渣。高桥有个李幺大，大家齐称她干亲家。钉子坪来三角坪，韩泥沟豆花荤死人；二台子的坡坡不要怕，一步一步慢慢爬。三道桥上歇一下，风龙寺的铺盖像铁巴；说到翻山谁不怕，五更鸡叫就出发。一手杵住丁字拐，走路歇气全靠它……

顺口溜主要串用地名、人物、故事等，路上时断时续，一直唱到康定城。

我第一次进康定的时候只有十二三岁，跟我们家隔壁的张迁龙、王恩连一路过山。茶也背不起，家里出钱买点汉源的草鞋，自己背一个小背篼，把草鞋背过山去卖给当地的老乡。茶背子有些背十四五包，就是多的了，有些背十来包，还有些娃娃子背两三包的。清代蜀学使牛树梅亲眼看到这些茶背子，写过《过相岭见负茶有感》一诗：

冰崖雪岭插云霄，骑马西来共说劳，

多少贫民辛苦状，为从肩上数茶包。

白发老人十岁童，淫霖雨汗满云中，

若叫富贵说休养，也应开门怕晓风。

后来国民党发行关金券、金圆券，物价飞涨，宜东领茶时可买两斗米的"运费"，十多天背到康定领了回来，就只能买两升米了。以前领茶时可领"上脚"作路费，交茶时扣除。后来有些懒人领到"上脚"，把茶包背出来便丢在路边，由此茶店不再发"上脚"了。茶背子没有路费，只有借，于是出现"宰头利"。就是先扣除利息，借8元还10元，半个月内付还，如过期一天，利息加倍，叫"驴打滚"。

哨卡是背二哥最头痛的地方。1947年以前哨卡不多，并且不收背二哥的哨钱。宜东匪劫后"土匪出没，杀人越货时有发生"。沿途都设了哨卡，都要过路人交哨钱，因为过路人少了，背二哥也要交哨钱。哨兵收不到哨钱，出现兵匪勾结，有的背二哥连衣服、裤子也被土匪抢去了。

现在的宜东镇，已经发生很大变化。川藏公路开通以后，成了边远山区。真是世事沧桑。我们相信勤劳智慧的宜东乡亲，一定会利用丰富的自然资源和历史文化优势，开创美好的明天。

（采访：杨嘉铭、王田、王雯；编辑整理：王田、陈书谦、罗娟）

24．临邛茶与茶马古道

口述人：胡立嘉，1947年生，安徽黟县人，四川师大汉语言文学专业毕业。邛崃市文物管理所原所长，副研究馆员。从事文物、考古、地方文史研究工作40多年。

我与茶结缘，一是地理关系，二是工作原因。50多年前，我大学毕业被分配到西昌专区工作，在20多年的时间里，先后到与云南一江之隔的金沙江边的几个县出差进行社会调查。这些紧邻会理、会东诸地的民风民俗中，当地人的婚礼上要吃"糖茶"，一种加了红糖的茶，让我早早地接触到古人对茶"不二性"的认识。因为工作关系，也经常去做一些云南民族调查、民族民间文学调查、古代铜鼓调查、古陶瓷调查、南方丝绸之路调查等，到过楚雄、大姚、昆明、大理（下关）、普洱、保山、丽江等地，多是与茶有缘的地方。望着昆明的天，吹着洱海的风，看着苍山的花，喝着普洱、下关的茶，无处不与茶相联系。

后来因为工作调动，到了邛崃文物管理所。在南丝路沿线的古临邛道、清溪道、牦牛道、灵关道沿线古老而富饶的土地上，依旧从事文物考古、地方文史调查研究的老本行。30多年来，借助大量的文献（包括大量的古代茶学典籍）学习，在与成都、大邑、崇州、都江堰、蒲江、新津、名山、芦山、雅安、荥经的同行师友、文化人士间的广泛交流，和与国内外茶业专家、企业家的接触中，使我对茶，特别是对蒙山茶、邛崃茶和四川茶文化有了更深入的了解。邛茶除历史上见诸陆羽《茶经》和毛文锡《茶谱》等典籍外，二十世纪八十年代从邛崃十方堂著名的唐宋邛窑遗址中出土了大量青瓷茶具：壶、罐、杯、盏、碗、铫、盏托和研磨器……我对这些古陶瓷从文物实物的角度，与古代茶文献相互印证，对邛崃、雅安古代茶区、南丝路、茶马古道有更进一步的了解和认识。所以，我曾在任邛崃市政协常委时呼吁要像保护文物一样保护古茶树！

我对川西茶区的理解

地接蒙山味岂殊，火前火后亦同呼。

相如应有清泉渴，会瀹萌芽一试无。

这是清朝人杨藩的《火井茶》诗，我赞同老夫子诗中的观点。对于蒙山茶区，或者说雅安茶区，抑或说邛雅茶区的研究，应该包括雅安各区县、邛崃、蒲江、大邑甚至眉山、丹棱等传统名茶产区。其中临溪、火井、思安都是唐代名茶产区。而大邑鹤鸣山则是有名的道教二十四洞之一，自古出好茶，不可忽视。所以，应将古邛州、古雅州作为一个大的茶区来进行研究和认识，可以统称为川西茶区。

关于邛雅茶区

第一，地理关系。邛崃和雅安同属龙门山前缘过渡地带，山水相连，脉气相通。邛崃西、西北和西南三面与雅安市芦山、雨城、名山接壤，邛崃南河支流之一的白沫江，是发源于名山境内和邻近的天台、太和的两条支流，在夹关合流后经夹关、平乐，在齐口汇火井河称小南河，至邛崃城西与发源于大邑的江河汇成南河称大南河，于牟礼纳蒲江河、斜江河，在新津入岷江。

石头河也源于名山域内，在临济入邛崃境汇包沟水注入白沫江。雅安最著名的茶山蒙山，史称西蒙山，又名蒙顶山，五峰，其上清峰为蒙山顶，习惯称蒙顶。与之山脉相连的邛崃天台山，古称东蒙山。《蜀中广记》："卢奴山在县（芦山县）东五里，与始阳山相接。始阳山在县东七里，本名蒙山，唐天宝六年（747年）敕改为始阳山。高八里。束道控川、历严道县、横亘入邛州火井县界。"百丈的罗绳山与邛崃太和接壤。"罗绳山，在县西五里，从蒙山西（流）入卢山县。又北接邛州火井县。"雅安茶产区和邛崃茶产区（包括与芦山县接壤的大邑县西部、西南部地区，与名山区接壤的蒲江县茶产区），都是经纬度一致、海拔高度相近，山势、土壤、气候等十分相近的古代名茶产区。

第二，古代建制因袭关系。历史上，古临邛、邛州同雅州建置和辖地多有交集变化。

战国秦惠文王更元九年（前316）灭巴蜀后5年，即秦惠文王更元十四年（前311）平定蜀郡，筑成都、郫（郫县，现郫都区）、临邛、江州（巴县）4城置县，互为犄角，从西北、南、东三面拱卫成都。最初始的临邛县辖地大约北至今崇州，东至今新津，南、西南至邛崃山（今雅安一带），因临近邛崃山或临近邛人居住之地，故名临邛。南梁承圣元年（552），益州刺史武陵王萧纪在今邛崃东南的牟礼置邛州。次年，西魏废帝二年（553）平定蜀郡，在邛州下设4郡，辖6县，有蒲阳郡、临邛郡、蒲源郡和蒙山郡。其中蒲源郡辖广定县，隋文帝仁寿元年（601）改称蒲江县、临溪县（治蒲江西崃），宋神宗熙宁五年（1072）并入临邛县。蒙山郡辖始阳县、蒙山县。北周、西魏同。隋大业三年（607），合邛州、雅州、登州三州为"临邛郡"，以郡领县、郡治严道（今雅安）。先后领严道、沈黎、汉源、名山、芦山、依政、临邛、蒲江、临溪、火井10县。

唐高祖武德元年（618）改临邛郡置雅州，州治严道。领严道、名山、芦山、汉源、灵关、杨启、嘉良、阳山、大利、临邛、依政、蒲江、蒲阳、临溪、火井、长松16县。同年复割临邛等5县置邛州。唐僖宗文德元年（888）划蜀州（今崇州）、邛州、黎州、雅州4州置永平军节度使，先后治雅安和临邛。昭宗大顺二年（891）复旧置。其间，唐武德三年（620）置安仁县，属邛州。咸亨二年（671）置大邑县，属邛州。

综上所述，可以清楚地看到邛雅之间历史脉络的紧密联系。正因为不同历史时期的建置变更，有不同时期记录的历史档案资料，后人在使用资料时，往往出现"误读"。如将"邛水"说成今天流经临邛的"南河"；荥经"九折坂"，写作"临邛有九折坂"；甚至将"邛崃关"误植到今天的邛崃。凡此等等，并不是古人记载错误，而是后人不明白当时建置变更的缘故所致。

第三，邛雅茶区"茶之出"的认识。雅安蒙山汉时即产茶，不必赘述。西汉王褒《僮约》"武阳买茶"，可以看出今彭山北边的武阳，汉代已有茶市，应是邛、雅、眉、嘉（乐山）一带出产的茶叶在此销售。陆羽《茶经》八之出列出剑南的彭州、绵州、蜀州、邛州、雅州、泸州、眉州、汉州产茶，并作了评价（尽管其评定未必正确）。其后，五代毛文锡《茶谱》、明代张谦德《茶经》、屠本畯《茗芨》、曹学佺《茶谱》、黄履道撰清代人增补的《茶苑》，以及清代刘源长《茶史》、陆廷灿《续茶经》，都记载了今川西、川南茶区所产茶叶。对于邛、雅特别列出蒙顶石花、雅州露芽、邛州火井、思安茶等，有"皆品第之最著者也"的结论。唐时的邛州、雅州，均列陆羽《茶经》名茶8区43州之中，《新唐书》所列名茶区仅20处，邛州、雅州与苏、常、衡诸州并举。其中时代更替，茶法各异。唐代熟碾细罗，宋代龙团凤饼。其茶为饼、为片、为散；或晒之、烘之、焙之，各尽其味；煮之、烹之、点之，各兴时宜。正如明代黄履道《茶苑》所言："茶之产于天下多矣！"。

由此可见，自汉唐以来，古临邛（邛州）、雅州都是紧紧连在一起的邛崃山南麓的名茶产区。古临邛（邛州）茶叶产销也是研究四川南路边茶和川藏茶马古道不可或缺的重要组成部分。

关于临邛数邑茶产

陆羽《茶经》八之出是对邛州产茶最早的文字记载。五代毛文锡《茶谱》被收入《宋史·艺文志》，成书年代有二说：一说唐昭宗时（905—907），一说五代后蜀明德二年（935），该书记载的名茶产区近40州。毛公在蜀中为官时久，熟悉蜀中茶产，对四川彭州、蜀州、邛州、雅州等10多州所出名茶，记叙尤详。《茶谱》载："邛州之临邛、临溪、思安、火井，有早春、火前、火后，嫩绿等上、中、下茶。""临、邛数邑，茶有火前、火后、嫩绿、黄芽（号）。又有火番饼，每饼重四十两，入西番，党项重之如中国名山者。其味甘苦。"此段文句中起首二字为"临邛"，下文多将句读标于"重之"下面，我以为不妥。上下文句相连，此句可不断开，以"党项重之如中国名山者"作结为妥。"重之如中国名山者"也是毛文锡对火番饼的评价和定位。接下来载"雅州蒙山茶"，又另载"雅州百丈、名山二者尤佳"，作为特别强调，以示区别。

今天的邛崃市，宜茶土地面积约占总面积的三分之二。关于邛崃山水得天地之灵气，极宜茶叶生长的文献资料甚多，不再列出。宋代蒲江人魏了翁（字华甫），在《邛州先茶记》开篇中讲述了写作缘由：魏了翁友人眉山李铿出任临邛茶官，衙吏告知他，按例新任茶官必须去茶神庙拜谒。于是李茶官自筹经费重修临邛茶神庙并报郡备案，请了翁赐文，由此可见临邛产茶之盛况。

临溪即今蒲江县西崃一带，历来都是重要的产茶区。思安即今大邑县新场和邛崃市茶园乡一带，茶园乡至今还有"茶坪坝"古场镇地名。火井，邛崃西路场镇，又名高场（高姓居多）。秦汉时因有天然气井而得名。北周设火井镇，隋大业十二年（616）升为火井县，与雅安、芦山、名山都先后同属临邛郡或雅州管辖，治所在雅安严道（今多营）。其辖地大致包括今邛崃市西部、西南部的火井、油榨、南宝、高何、天台、夹关、平乐、道佐、临济、太和等与雅安、名山、芦山、蒲江等边界地域。直到元代至元二十一年（1284），火井、安仁两县并入大邑县，置县时间长达668年。

宋·王存《元丰九域志》记邛州火井县："州西六十二里。六乡、平乐一镇、火井一茶场。"与唐人记载火井产茶相吻合。经考，今平乐镇（原属下坝乡）花楸山均为古火井县属地，"花楸"乃明清时期邛州产茶十八堡之首。清代有花楸茶入贡（土贡）的记载，故有"天下第一圃（堡）"之称。

中国藏茶文化口述史

民国《邛崃县志》卷二·方物载："邛州十八堡名目，新采访者查系明制。花楸、天台、相台、骡马、天池、牛心、红晓、盐井、雾清、中峰、石匣、水口、横山、左坝、飞龙、小凤、木楠、朱璜。十八堡皆有头人，划地分界……其实邛州产之地何止十八堡？龙溪、川溪、双河（今属大邑县）、三坝（今属大邑县）皆产白毫……西南诸山，处处产茶，自春及秋，均可采撷。故有茶叶、有茶干、有茶果如豌豆大。干与果须熬，而叶则泡可也。其色有黑、有白、有红、有绿，绿者最上。其名有芽茶、家茶、孟冬、铁甲，并有阳山、阴山之分。"

2005年5月，花秋茶业有限公司会同有关部门组成专家团队，对花楸古茶园进行深入调查。现场勘察发现，茶园中现存百年以上古茶树1500多株；其中500年以上古茶树约1000株；近千年古茶树100余株。经专家测定其中1株古茶树树龄达1036年，被誉为"茶树王"。按时间推算，茶树王栽种时间正好是北宋开宝三年（960），与宋代史料所记载火井县有火井茶场相吻合。以此推断，花楸山古茶园应是古火井茶场之一部分，是四川迄今发现的最大一片灌木型古茶树园。2013年9月，成都市人民政府批准花楸茶树园为"成都市文物保护单位"。

据调查，今火井镇崇瑕山半山上，还有百年以上古茶树百余株，也是火井古茶园遗迹的一部分。

关于临邛火番饼（锅焙茶）

毛文锡《茶谱》的记载，说明最晚在唐代晚期，古临邛地区就已生产出中国最早的黑茶——锅焙茶。顾名思义，锅焙茶的制作是用铁锅和炉灶，用火焙制出来，所以叫"火番饼"。"黑茶"二字最早见于明嘉靖三年（1524年）《明史·食货志》："商茶低伪，悉征黑茶。"有人说："安化黑茶是锅炒杀青、踹揉、沤堆、松柴明火焙干而成，四川乌茶是采用日晒干燥而成。"此说值得商榷。蜀地虽有晒青，但为少数，皆因蜀地自古少阳多湿，由成语"蜀犬吠日"可知。雅州蒙山"蒙者，沐也，言雨雾常蒙也"。还有

"天漏"之称的"雨城"，采茶时正当"清明时节雨纷纷"。邛崃、雅安七月多为雨季，何来烈日晒干？清代刘源长《茶史》"茶之分产·四川"条有"乌茶产天全六番招讨使司"，也是紧靠邛崃的雅安茶区。又有人说"铁锅甚为稀罕，故不用作炒茶"，却不知临邛包括蒲江都是汉至宋代著名的冶铁工业重镇。宋代临溪改置"惠民监"，专铸铁钱。可以说古临邛地包括雅州占有独特的资源优势，在邛崃山南麓最早生产出锅焙茶，是毋庸置疑的。

"锅焙茶"是"火番饼"的俗称，我认为这是另一种更好的注释。简单地解释了这款茶制作的"关键特点"，也使我们对火番饼的理解更加明确。"番"同"蕃"，专供边销的茶叶又叫"西番茶"。简而言之，锅焙茶是一款用火焙制出来的蕃茶（饼、砖），所以叫"火番饼"。

清人吴秋农言：锅焙茶产于邛州火井漕，箬裹囊封，远至西藏。味最浓冽，能荡涤腥膻厚味，喇嘛珍为上品。清嘉庆《直隶邛州志》（卷二十三·食货志·物产）记载，《茶经》（疑为《茶谱》）：临邛有火前、火后、嫩绿、黄芽等名。又有火番饼，重四十两，俗名锅焙茶，又名邢业茶，以邢姓制造得名也。《九域志》'有火井茶场'。邛州贡茶，造茶为饼，二两，印龙凤形于上，饰以金箔，每八饼为一斤，入贡。俗名砖茶。民国《邛崃县志》（卷二方物志）中：所引《茶经》（疑为《茶谱》）唯著茶名，曰火前、火后；曰嫩、绿、黄；曰火番饼，一名锅焙茶，又曰邢业茶。《九域志》"火井有茶场"。造砖茶，每砖二两，八砖为一斤，此其著闻者也。至于十八堡产茶之所，无能名焉。这些史料清楚地说明了直到清代中晚期，火番饼仍有邢氏族人生产并远销康藏。

我2004年在邛崃市政协文史委工作期间，有幸目睹清中期所产"邛州砖茶"两块，为邛崃茶厂吴修武老先生所珍藏。茶砖为小长方形，长11.5厘米，宽8.3厘米，厚1厘米，净重2两（十六进位制，合62.5克）。其外包装土纸上用木雕版印朱砂红龙凤图案和竖排颜体"邛州砖茶"四字。茶砖紧压成型很好，至今无松泡、无粑角和龟裂起皮，六面平整光洁。包装图案正中茶名上方是一个变形龙头正面图案，茶名左右两侧竖向各一只凤凰，头下尾上，展双翅，朝向中间。下部中间为"山"字形海浪纹，海浪上一轮红日。应该就是邛州清代"龙凤贡茶"，弥足珍贵。遂与吴老共同商讨，由吴老执笔撰写成《邛州砖茶》一文，刊载于《邛崃文史资料》第十八辑。

关于邛茶之产销，民国《邛崃县志》（卷二）有详尽记载："（邛崃）南路之王家茶店、西路之邢家茶店今皆废，唯高（场）、何（场）之间有大林店犹存，号巨亨。其茶有五等，与旧志邢茶不同。一曰砖茶，用细毛尖制，一斤一砖，十六砖为一包；二曰金尖，次于砖茶之细；三曰金玉，又次于金尖，皆有叶有干；四曰金仓，叶而带干，叶、干皆细；五曰老穰，干多叶少……销场在打箭炉。"这些都被统称为"南路边茶"。

火井镇"大林店"得名于"大林茶店"，地名沿用至今。大林茶店商号名"巨亨"，专事边藏茶营销，始于何时不可考。"巨亨"号晚清时为雅州天全人"邱老板"经营，1925年前后歇业，转手邛崃人曾吉泰。1941年曾突遭病故，又转手给大邑新场人白体仁。白接手后，商号改名为"羽成"，藏语叫"露卡质"。所产茶砖为小长方形，长6寸*、宽4寸、厚1寸，土纸包装，包装纸上印有"二龙抢宝"图像：中间上方为一圆宝珠，左右两边各印一条飞龙相向于中，作"二龙抢宝"式。下方分别印有汉、藏文字"羽成"和"露卡质"商号名。又据邛崃火井镇高义奎老师介绍，羽成的白老板专事边藏茶经营，曾派其第二子白普恭（怀谦）长驻康定，在康定设立办事处，以联络各地"锅庄"营销砖茶。羽成号砖茶当地人叫"板凳茶"，一个茶包分4节（块），共重16斤，一节长8寸、宽6寸、厚4寸。4节茶包长3尺2寸，外形就像农家的长条板凳，故名。白氏"羽成"号茶店直到1952年歇业，由邛崃县火井区供销社接管，其后不久停业。厂里十几名制茶工人分别调到雅安、名山、天全、荥经茶厂。当年的工人陈存安（现年90岁）后来在天全茶厂退休，杨克进现年90岁，也曾在雅安茶厂工作。

唐宋兴起的茶马互市，于文、黎、雅、茂诸州置茶马司"以易番马"。

---

* 寸，非法定计量单位，1寸≈3.3厘米。——编者

明洪武四年（1371）于诸产茶地设茶课司，定税额……设茶马司于秦、兆、河、雅诸州。洪武五年（1372）置四川茶盐都转司。清雍正三年（1725）增邛州边引三百。雍正四年（1726）增雅州、成都、大邑、荥经、灌县（今都江堰）边引八千六百三十有五。又增天全土司土引七百七十……雍正五年（1727），增邛州边引千有一百。雍正九年（1731）增邛州边引千一百。旧行边引一万二百张，新增边引一千一百张，共一万一千三百张。乾隆三十九年（1774），旧行这引一万四千三百张。乾隆五十九年（1794），旧行边引一万七千八百张，新增边引二千五百张，共二万三百张。嘉庆十七年（1812）现行边引二万三百张，于本（邛）州买茶，由禁门关、泸定桥、炉关盘验截角，至打箭炉发卖。共榷征银一万七千五百五十九两五钱。现行腹引五百张，于本（州）买茶，由州属南河坎（今临邛镇）盘验截角，至资州、简州、仁寿、彭山、内江、双流、蓬溪、遂宁八州县发卖（《直隶邛州志》卷二十一食货志·茶法）。以上茶引资料是清代邛州边销茶产销量以及运往打箭炉发卖藏区的历史证明。

清嘉庆年间（1796—1820），大邑县边引一千八百张……本邑（大邑县）正代茶边引一千五百六十张……外代销名山茶边引二百四十张……每张运茶一百斤，随代副茶一十四斤，于本县（大邑）采买（经灌县、茂汶）到松潘发卖……说明除了大量运销康藏外，也同时经"松茂古道"运往西北藏区甚至甘、青、藏等藏族、蒙古族、回族聚居地区，这就是所谓的"西路边茶"。

民国时期，已经不再以茶易马，但邛崃茶叶的产销依然关乎边区藏、蒙、回等民族的生活。1913年，四川省政府实业司茶务讲习所在邛崃县城内北面的玉皇观开设实习场。次年，茶务所奉省政府令，派专人到邛崃采购茶籽，分发到全省适宜种茶的地方播种，发展四川茶业。1916年，茶务所改到城内天庆街的天庆观内开办实习场，而邛崃县仍然在玉皇观自行开设茶务讲习所。1924年，邛崃县边引18000张，每引可运销茶叶5包，每包重18斤，故有"万担茶乡"之称。抗战时期的邛崃茶叶，大都由"康藏茶叶公司"经营。

中国藏茶文化口述史

民国时期的邛崃茶厂,源于县城内书院街的"清明茶庄",成立于1939年。次年9月迁入天庆街三官祠,更名为"临邛茶厂"。初建时是成都健诚实业股份有限公司的下属厂,曾与中国茶叶公司合资经营。健诚公司董事长胡子昂,临邛茶厂厂长张志和(邛崃名宿、川军著名将领、原中共地下党员,曾率部出川抗日,在雅安参加策动刘邓潘起义)。中茶公司派驻技术员何德钦(后继任厂长),厂长张志和又委托其弟张继和(健诚公司驻邛董事)代管,负责临邛茶厂的生产经营。生产的绿茶、花茶、红茶主要销往边销以外区域;黑砖茶、茯砖茶,主要销往西北边疆地区,深受少数民族同胞喜爱。临邛茶厂生产的茶砖有5斤一片,20片一包;有10斤一片,10片一包。包装上印"临邛砖茶"四个黑字为商品名,封口处贴五个红色连环(五连环)徽记,印有"官商合资"四个黑字。

新中国成立后,1950年建立国营邛崃茶厂(中国茶叶公司邛崃茶厂),继续生产绿茶、花茶、红茶,恢复生产砖茶、茯砖茶。设边茶、花茶、精茶三个车间,年均产茶约6000担。产品"文君绿茶""文君花茶"享誉国内外,获奖甚多。1998年改制,2001年3月转让给蜀涛集团,成立四川省文君茶业有限公司,产品分绿茶、花茶两大系列,多次获部优、省优产品奖。

改革开放以后,邛崃社队企业和个体私营如雨后春笋。如成立于1980年的下坝公社机制茶厂,1996年被花秋茶业公司收购;邛崃城南文笔山上的"笔山茶厂",直到二十世纪九十年代初,还生产"民族团结"藏茶。四川省花秋茶业有限公司成立于1992年8月,兼并下坝乡机制茶厂后,以花楸山、甘岩子一带的"天下第一圃"古茶园为依托,在平乐、夹关一带拓展优质茶园,在夹关建厂,依照传统制茶工艺,引进成套生产流水线生产的"花楸雪蕊",获第4届国际名茶优质奖、"蒙顶山杯"国际名茶金奖,被评为四川省十大名茶。花秋茶业公司还率先研究恢复黑茶生产,"王者香""火井""花楸"等黑砖茶和黑散茶系列深受大众喜爱。

2015年2月,"邛崃黑茶"成为国家地理标志产品保护产品,花秋、文君、碧涛、金川等7家茶业公司获准使用"邛崃黑茶"地理标志。

关于南方丝绸之路与茶马古道

我从二十世纪八十年代初开始调查、研究南方丝绸之路。对于古道，无论西羌入蜀或是邛人南迁，必然存在一条南北相通之路，就是人们常说的"民族迁徙通道"。若无道路可通，秦何能率兵入蜀灭掉巴、蜀？蜀王子逐步南迁，经云南直到交趾（今越南），无路岂能实现？战国秦灭赵，迁卓氏等豪强入蜀，秦始皇灭楚庄王，作迁虏到荥经，置"严道"，都是将古道用作了军事而已。

《史记》所记的"蜀身毒道"（身毒，印度古代汉字记音），是由民间商贸小道发展而成的国际商贸通道，进而发展成为经济、文化、军事、政治的通道。需要说明的是，南方丝绸之路并非一定以丝绸为主要商品，这是二十世纪八十年代初由童恩正、李绍明、林向等一批四川的老学者们相对于西北丝绸之路提出，并逐步为学术界广泛认同的命名。考古证明"蜀身毒道"的真实存在，任何点与点之间道路的形成都一定是多元多支的，也是随着人们生产、生活、迁徙的"择近优选"而改变。逢山开路、遇水搭桥，山川河道改变、村庄场镇变迁，路线都会有所改变。主道与支线也随历史的变化而变化，譬如邛崃往雅安、芦山、名山道路的多元多支及时代变迁。雅安（邛崃）到西昌，一条经石棉，一条经越巂。成都往雅安、往西昌，西藏经雅安到成都，除雅安而外，邛崃是必经之地。新开通的成雅高速经蒲江县而不经邛崃，过去的支线蒲江成了主线，过去的必经之地邛崃则被旁落。

所以，我们研究南丝绸路和茶马古道，千万不要"争正统""争干线"和"争唯一"，观点可参见拙文《南方丝绸之路临邛（崃）段历史文物遗存考证》（载《南方丝绸之路上的民族与文化》）。南方丝绸之路比茶马古道时间更早，路线更长（包括境外线路），走向也不完全一样，其间有大段重合。起于唐，兴于宋，直到明代，茶马古道都是由于茶马互市、以茶博马的特殊历史原因而兴。在文、黎、雅、茂诸州设立"茶马司"的地方，大都是"汉番"之交的边地，或靠近茶产区，或靠近川马或番马产地。邛崃山南麓的古临邛地区物产极其丰富（盐、铁、土布、丝绸、茶叶、酒、陶瓷），是川西工业商贸重地和川滇、川藏锁钥交通枢纽要地。大宗物资不仅可以沿南丝绸古道经雅安直下西昌、云南，以至域外，也可将盐、铁、布匹、茶、酒等物资由雅安转入康藏。特别是"火番饼"边茶，历来为藏族同胞所喜爱。单就"茶马古道"而言，其特殊意义不在于道路，而在于在当时的历史条件下，边茶不仅解决朝廷军马、军费问题，也促进了藏汉经济、贸易交往，促进了西南民族的团结、稳定，这是茶马古道真正重大的历史意义。

邛崃境内现存茶马古道干道、支路多条（段），考古证明最早可到汉代，大多为清代重修。所见路碑、桥碑上刻的碑文中，大多有"上通（达）炉城""下达北京""下通锦城"文句，应该看作是川藏茶马古道的重要组成部分。2013年5月，经国务院批准，"茶马古道（邛崃段）"为全国重点文物保护单位。

综合起来有几点结论：

一是邛崃和雅安（包括大邑、蒲江、眉山、丹棱）都属邛雅产茶区、古今名茶产区，所谓"临邛数邑"应当涵盖整个邛雅产茶区。

二是"火番饼"（锅焙茶）是邛崃山南麓邛雅名茶产区于唐代中晚期最早出产的黑茶，是用"火"制成的"番饼茶"，用"锅""焙制"而成。

三是邛崃古代生产的砖茶、茯砖茶主要作为南路边茶经雅安、泸定销往康藏。在清代和民国时期，也有少量作为西路边茶，经灌县销往西北的藏、蒙、回等民族聚居地区。现代砖茶也分别销往西藏和甘、青等地区。

四是茶马古道的历史意义和地位是：起于唐、兴于宋、以"榷茶博马"兼而得之。既解决朝廷军马之需，又部分解决边防军费。可以说，没有四川邛雅的茶叶，就没有当时朝廷的军马；另一个重要方面，边疆地区生活必需品茶叶的供给（互市），促进了汉藏（蒙、回）民族的经贸交流，稳定了民族地区的安定团结，这是茶马古道历史意义和地位之真实所在。

（采访：陈书谦、王文；编辑整理：胡立嘉、郭磊）

25. 艰难困苦的背夫生涯

口述人：李攀祥，1932年生，雅安市天全县小河乡红星村人。共有五儿一女，家中四世同堂。

（位于四川盆地西部边缘，地处二郎山东麓的天全县小河乡红星村，如今已被列入第四批中国传统村落名录，早已广为人知的是这里的甘溪坡茶马古道遗址。2008年11月27日下午2点，采访组来到村里李攀祥老人家中，听老人讲述当年背茶包进康定的故事。）

高山人家

我今年77岁了，1932年就出生在这个房子里。房子没有大的变动，只是换了一堵墙。以前门口这条路是老路，背茶都是从前面的街上过。以前叫甘溪坡，现在叫红星村，从雅安、天全背茶过来，有些要在这里住店，曾经开过几家小旅店，还很红火。

我小时候上过私学。像我们这样的村子，请一个老师来办私学，虽然不贵，但还是有好多读不起书的，因为穷，交不起学费。我启蒙读了三年，不很会写字，解放时连名字都写不起。后来自学，能认得一般报纸、宣传单上的字。

这里家家户户都有人背过茶，我爷爷、父亲都背过茶。因为一年种的庄稼多数人家不够吃，农村挣不到钱，只有背茶挣点钱买粮食补充家用。每年把玉米种下去，男的就去背茶，女的在家做家务。不背茶的时候管茶叶，另外还可以烧钢炭、打笋子等，也有没有土地，专门背茶包的。还有女的背茶，不多，我们这里有几个，不过都去世了。

我十六七岁的时候背过两年茶，1949年家乡解放，1950年解放军工兵团到我们这里开始架桥，二郎山公路通车以后，就没有人背茶了，只有个别背土特产换粮食的。

背茶要到天全城里的茶店先把茶包子领出来，茶号有专门发背子茶的，在康定有分号负责收茶，收到茶就在康定卖，卖给茶商或者附近的牧民。

领出茶包背回家再慢慢捆，还要准备路上吃的口粮一并背上。第二天出门，一直要背到康定交了茶叶才返回。

从天全到康定360里。其中到二郎山下的新沟120里，新沟到泸定120里，泸定到康定又是120里。背进去要走20天左右，算上返程，走得慢的差不多来回一个月。

背茶路上

背茶要穿偏耳子草鞋、打绑腿、提拐子、背背架子，这些是必不可少的，好多都要自己做。

偏耳子草鞋用谷草编，也有卖的；绑腿讲究一点的用毡子，困难的也要用粗布，绑上爬山才行。特别是秋冬季，不把腿绑起来，就没有力气，脚也容易冻裂流血。

丁字形的木拐子是平时自己做的，拐头上有铁的拐钉子。两尺多高，要根据自己的身高比例做成，便于支撑歇气。路上没有那么多歇气的台阶，走累了就把茶包背架子撑在拐子上休息，歇够了又开始走。如果翻雪山，山上那些石板是滑的，脚站不稳，拐子也打不稳。所以背夫要穿脚码子，脚码子是铁打的，有尖尖的四个脚钉。还有一种鞋凿子，跟脚码子一样，脚钉是平的，脚码子是尖的。翻雪山穿上脚码子，一点一点地慢慢走，不然走不稳当。雪地里打拐，经常歇不稳当。还要带烂草鞋，先把烂草鞋丢下垫起，不让拐子掉到雪坑里才稳当。

背架子是木头做的，还要用棕垫子。背系用竹条拧紧穿成两指宽，就像现在背篼上的背带一样，两头拧绳子。捆茶有的用麻绳，有的用棕绳，捆两圈然后用翘别子把它翘紧，翘到茶包子一点都不晃动。还有两根竹签子，从边上插下去，就不容易挪动，这样捆好一直背到康定都没问题，如果路上松了再捆就要掉队，很麻烦。

背茶包子是最苦的了。路上歇店子，天不亮就要起床，背上茶包走，走到八九点钟到路边的店子头歇脚吃早饭。吃的是自己背的玉米馍馍，店子里把馍馍烤热，有的店子卖豆花，买一大碗豆花或者菜汤，就着馍馍咽下去，又开始上路行走。走到下午天快黑又住店、吃饭，一样汤汤水水一大碗下馍馍，天天如此、顿顿一样。然后还要把第二天的馍馍准备好，才能休息睡觉。

一条茶的重量有16斤、18斤，最重的20斤，厂家、品种不一样。力气大的一次背十四五包200多斤。我只能背七八包，十几岁力气不大。

背茶有领头的叫"交头"，约上三个五个、十个八个人一起，合开一张运单。茶号开运单认领头的，几个人一单一起走。领茶时只给一半运费，仅够路上盘缠，背到康定交了回来，才结账领余款，给领头的抽一点份子钱，剩余不多，背一趟结一次账。

路上不管天晴下雨都要走，茶包子上盖一床棕毯或草席，口粮等东西都用棕毯盖着，下点雨也问题不大。

以前的老路不好走，上陡坡就像爬楼那样，一步一步地在石头上挪。有的路很窄，两个人对面都错不开身，背着茶包子要错身的话，还要到宽一点的地方才行，这就是不能马驮的原因。

领头的走在前面当掌拐师，大家跟着掌拐师走。路上有情况如歇气、过桥、过沟，掌拐师就用拐子敲路上的石头，前面敲几下后面跟着敲几下，什么意思大家有默契。上七下八平十一，歇气也好、过桥也好、路滑也好，后面的都知道。要跟上队，不能超前，也不能掉队。

路上翻山越岭，沟沟壑壑多，还有独木桥，一根木头搭起，有不小心的滑下去就被水冲走了。背茶包路上死的人不少，很危险。还有涨大水把独木桥冲走过不去的，只能等几天，运气不好一个月还回不来。

山下开的店子比较多，走到下午随时可以进店歇脚。山上就好几十里路才有一家店子，走到那里就必须住下来，不然隔几十里没地方住。

歇店也很贵，山上的店子给点旧的、烂的铺盖，巾巾网网的，垫的草垫子。睡在那些草垫子、竹席子上，遇到大风雪，辫子都会冻在枕头上。那些包脚的毡子，头天弄湿了，第二天就冻得硬邦邦的，要慢慢弄暖和才会变软，不然一折就断了。吃也吃不好，睡也睡不好，又冷又饿，很恼火。

二郎山本来就是小路，根本没有大路，冬天冻成一块板，你往上走，它向下滑。路上是不允许做其他事情的，没有特殊情况天天都得背起走，腰杆都磨起大包包。有的棕缝的背垫很厚，汗水都湿透背垫从下面滴下来。

背到康定把运单交给主管收茶，数量齐的就给你签了运单，拿回天全结账。

康定的少数民族男男女女很多，他们来买茶都是用马驮，不用人背。马队来不了雅安，那些独木桥怎么过来？很多路又窄又悬，一边靠山一边是悬崖，马队过不了，只能用人背。

到了康定是没有糌粑吃的，也吃不起酥油茶。少数民族在大锅里熬茶来吃，一般不卖，也给汉族吃。我们只要把茶包交脱了，转身走都走不赢（赶紧往回走）。

茶号不赖背工的工钱，但背茶的把茶搞掉了是要赔钱的。也有路上病了、摔死了、把茶包弄丢了的，领头的都要赔钱。

兵匪一家

路上就怕遇上国民党的兵，看到背背子的，要拉来帮他背包包，也不给二分钱，他们空着手跟着走。如果你不背的话，他们枪杆子就在你背上戳来戳去，打得你要命。

还遇到过土匪，背茶的人本来钱不多，没得钱，衣服穿好点的，土匪把你衣服脱光，只给你剩一件。有一次我们走到小玉溪，一帮土匪就在村子里抢，把房子都烧了。部队去追土匪，在小玉溪沟沟里守着，机枪放在上面，过路的到那里都要交钱，我都遇了的。茶包子他们不要，拿来吃不了。

到了康定赶紧往回走，到处都是国民党军队，害怕又来一拨把你缠住，不放你走，要拉你去当兵。

背一次茶进康定，按包算大概就是四五块钱。过去的钱和现在不一样，它是一千、一万，后来又整成官金票，一万官金票要多好几万。不值钱，买一碗豆花都要一千块钱，国民党的时候就这样。官金票现在看不到了，另外也有铜圆，民国三十几年的时候没有用铜圆了。我背茶的时候，铜圆少，用小钱，发纸币。

国民党每年派捐款，还要抽丁拉夫，把老百姓整得要命。一年派捐款来了，十户人一个甲长，一个村一个保长，上头派好多款来了，给老百姓派下去。你不交不行。乡政府派狗腿子来，你挣的草鞋钱、工钱，要收走。抽丁当兵是三丁抽一、五丁抽二。你有三弟兄，就要抽一个走；只有一个、两个的，也要抽走。你不去就强迫拉走，就像逮犯人一样的，逮起去关起。

苦中作乐

再苦的日子也要过，我们背茶有顺口溜，现在说是口溜子，不固定，走到哪里看到什么大声哼出来就是了。背重了喘气都喘不赢，就唱不了。背得轻巧的时候，杵着拐子就唱，人多的时候也唱。记得有"一张拐子二只狗，背起茶包往前走。下了三天毛毛雨，粮食吃完咋开交（"咋开交"意为怎么办）。背子上的口粮吃完了，天天下雨你不能走，粮食吃完咋个办，你的茶包子还没交……"，还有好多我记不住了。

路上休息的时候，有的拌小钱、抬十三，小赌娱乐。十个小钱，就是那种圆圆的铜钱，一面没字，一面有四个字。把钱摆起来，你出多少押这张，他出多少押那张。把钱拌下去，十个都翻下去，就一起揽光。如果你拌下去只翻了一个，就赔，别人押多少他赔多少，三块五块就输出去。

年轻人一起走还是好耍。年龄小刚开始背的叫"小老幺"，小老幺住店子是不给号钱（住宿费）的。小老幺需要勤快，起伙啊，做饭啊，都是小老幺的事。那时候家里、村里，过年过节还是很热闹的。唱花灯呀，耍狮子灯呀……年一过约起就去背茶包子，去找点钱。

也有些麻烦事，有些好强的要惹祸。有一年背茶去歇店子，在一户店子可以吃早饭，就歇着准备在那里吃早饭。结果看那户店子的菜钱、号钱收得贵，菜又少，一碗豆花只有一点点，就说不在那里吃。歇了一下起来准备走，店主人说："你们不吃饭，又在这里灶台都给人家占着。"背背子的人也很冒火，就说："我们走不走关你什么事？"就吵起来，后来打起来了。把背子放下，用拐子打，把拐子都甩飞出去了，铁套子甩掉把别人打着了。结果店子里的人把地方的人一喊，又去追那些背背子的，把大家吓得要死。

还有个人爱耍，爱去打牌。有一天把床安好他就去打牌，结果输了。店主人就派了一个人在他的床上睡，一张床睡两个人。他跑去一把把那个人拉起来说："搞了半天是你在我的床铺里睡起，把龙头给我压着了，怪不得我今天把钱都输完了。"打了那人几下，逼他把钱掏出来拿点给他，那个人没有办法。路上的店子老板多数对我们还是比较好的，扯淡的人比较少。

安居乐业

新中国成立以后，我们这里变化很大。以前我们种的茶叶都背到天全去做茶包子，很少有人掐（采）细茶来卖，难得掐，一天掐不到多少茶。后来办了天全茶厂，雅安那边也来我们这里收茶。这几年还有国家的退耕还林补助政策，就拿来吃口粮，比以前好多了。

以前汉族人不吃茶包子的茶，吃细茶，毛尖这种茶。我们这里遍山都种茶叶，到了采茶的时候，每家每户都有茶窝子，遍山都是。采回来，把叶子掐下来，倒进开水锅里滤一下就在坝子头晒，晒干了背到茶店去卖。

茶店要用甑子蒸，然后用口袋装起上蹓板，工人把口袋从上用脚踩着慢慢往下滚揉。现在揉茶用机械，过去都是人工用脚蹓，揉到可以在手上裹成条了，就开始春包。

甘溪坡起源于清末，是当年背茶包到西藏的必经之路，西出碉门的第一驿站。背茶包经过这里，古道上留下了很多背夫歇脚杵下的拐子窝，当年走夜路的灯杆窝仍然清晰可见。现在古道两侧逐渐修建起传统民房，以前这里主要生产生活方式为狩猎、农耕以及背茶包；现在主要依靠种粮食、种茶叶、养蜜蜂、打竹笋等农副土特产品，以及旅游业、外出务工等来增加收入。甘溪坡旅游景观有茶马古道、陈列馆、古道背夫纪念碑、古井，清末风格雕花民居等，大家都安居乐业了。

（采访：赵长治、李成才、谢雪娇；编辑整理：赵长治、陈书谦）

26. 老茶农一家茶缘

口述人：张国勋，1944年生，雅安市雨城区大兴镇周山村一组人。

（坐落在周公山下青衣江畔的雅安市雨城区草坝镇周山村一组，以前属大兴镇，2019年撤乡并镇后合并到了草坝镇。这里是传统的优质本山茶原料基地，出产的南路边茶即传统藏茶原料称为本山茶原料。2008年11月27日上午9点，采访组来到周山村一组张国勋老人家中，听老人讲述他们一家人种茶的故事。）

世代茶乡

我叫张国勋，1944年出生的，今年65岁。我家里一共有8口人，两个儿子、两个儿媳、两个孙子，还有我和老伴。

我们这里世世代代种茶、家家户户种茶，我家也是，现在还有10多亩茶园，平时做做管理，主要是除草、施肥，有时候做一些病虫害防治的活计。

我小时候读过书。1949年上的私塾，1951年到1953年上的是公家办的小学。读到1953年，农村家里的活计多，要帮助家里做事，就没有读了。加入互助组以后，挖地、种茶、种玉米。1955年参加了高级农业社，干活统一由高级社安排，包括种玉米、管茶叶。一直到1958年进入生产队的大食堂上班。到了1962年，农村允许农民可以自己开荒，自己种自己收。那一年我家里开了7、8亩地，可以产3000多斤粮食，已经很不简单了。那时候不是全部种茶叶，只能在地边边上种，茶叶要由生产队统一管，采摘下来加工成毛茶都要交给国营茶厂，全部收购，供不应求，是不允许拿到市场上自由买卖的。

1966年我下放人民公社到生产队，还是种庄稼和茶叶。后期实行多劳多得，评工分，自己一天做多少就评几分，生产队专门安排有记分员，年底一并计算。

茶园管理

我们这里的茶叶主要是川茶品种，前几年才发展了一点良种茶，都是中小叶种的。川茶是用茶果子种的，就是老百姓说的"窝子茶"。良种茶是扦插的，它不结茶果子。种得好的茶一般三年就可以采摘鲜叶，就有收入了。平时的管理我们山区的茶园主要是除草、施农家肥，一般是施春肥，夏秋季施的相对少一些。

施肥要因地制宜，以前用化肥，计划供应的，现在提倡环保，用有机肥。雅安这里雨水多得很，地里不需要灌溉。以前我们的茶地里生虫很少，二十世纪五十年代的时候茶园一年要翻挖两次沟，所以不生虫。现在地里的杂草腐烂后会生虫，有绿叶桑、蚜虫、红蜘蛛这些，有时候要用一点杀虫药来除虫，要用经过农业局允许使用的农药。

茶树生长过程中每年都要修枝剪叶，一般6月份剪一道，10月份再剪一道，入冬就不可以剪了。冬天虽然下雪不多，但是下雪天剪了就不发芽了。茶叶剪了后它要发芽，发芽过后不宜剪，要过冬。

我们这里种茶、管理的方法是祖辈传下来的，茶山上茶园很多年了，有的上百年了吧，历史比较长。这里的茶品质好，跟土壤、气候有关系，这些茶以前都是运进西藏的好茶。但是我们这里是山区，发展不好，能开茶园的都开了，种茶面积比较稳定。

计划经济以前我们的茶都是用来加工粗茶的，又叫边茶。一般都是立夏前后开始采摘，是用茶刀子割。等到立夏的时候，当年发起来的茶秆秆已经红了，叫红薹梗，一芽四五叶，一刀就割下来，是做粗茶的好原料。

割边茶的长度大概多长？茶树裁剪的时候一年比一年高，采茶的时候就采高于新枝的部分。边茶的话要把老树枝砍掉，重新长新枝再采，就是老树更新，一般在农历年底年初。

市场开放以后，可以做绿茶了。我们这边做边茶收入差，慢慢地修枝一次就不剪了，等第二年发起来采芽茶。芽茶采一轮过几天发起来又可以再采，价格不一样，收入高得多，以后长出一芽一叶，收购的厂家也多，采了不愁卖。

每年春天茶叶发芽就开始采了，气温高的年份农历正月间，甚至春节前就可以采新茶、喝新茶了。还要看有没有茶叶加工厂家来收购，有厂家来收购我们就采，没有就不采，以前自己搞绿茶加工的很少。加工厂每年收购的时间比较长，我们这边算是短的，一般采到6月份，大概有5个月时间采茶。

所以春天开始摘芽茶，一直要采到厂家不收为止。芽茶采了又发芽，长得差不多了又采。这些原料做炒青茶、烘青茶、红茶都可以，后来也用来做藏茶，一样的道理，原料好做出来的茶等级高、质量好，也卖得起价，我们茶农的收入也就水涨船高了。

采茶是有规定的，要讲技术。独芽头就是单芽，还有一芽一叶、一芽一叶初展、一芽二叶、一芽二叶初展、一芽三叶、一芽四叶。芽茶质量最好，最多就是一芽四叶，叶多了就成老茶了。

我们这里是山区，交通不方便，采茶很辛苦，一天采茶的钱还不如外面打工的钱多。绿茶价格要高些，但是一天采不了多少，时间也花得多。芽茶都是人工用手采，现在有采茶机可以采夏茶了，名山、合江那边都在用。

茶叶种植采摘要注意什么？一般采芽茶的时候，厂家要求不带黑壳。采的时候要注意，边茶就不需要注意黑壳子。采的时候就按一芽一叶，一芽二叶等要求来采。

我们家山下坝区可以采一千多斤鲜叶，不是人工摘，用采茶机，一天他们可以采一千斤，他们条件要好些。这个要根据各个地方的环境，交通方便就采得多。我们山区的话一天就来几百斤，手采的话三百多斤，还要请人一起采。有的采有的背，也有收菜的摩托车、拖拉机顺便收购的。

改革开放以后，政策放宽了，茶叶方面发展得好，经济收入也来得很快。大家都种茶，家里愿意种就种，要是种上十几亩收入就了不得了。

毛茶初制

以前加工南路边茶大多是茶农自己采摘鲜叶，自己进行毛茶初制，一般说做成玉茶或者金玉茶。交给厂家后还要进行很多次加工，叫复制做庄茶。

厂家直接收鲜叶自己加工的叫做庄茶。主要工艺先是杀青，把茶叶放进大锅里，烧起大火来炒。一百斤鲜叶杀青后降到80斤左右，不超过85斤就可以摊晾拣梗子，大约拣到5%～10%的含梗量。拣完后烘干，用炒锅烘到八成干，厂家有烘干机，有些个人也有，然后把茶叶拿去蒸，用茶甑装上茶用蒸汽来蒸。蒸揉很重要，要弄两三次。蒸揉以后渥堆发酵，发酵次数至少都是三次，要看天气情况，只要没有发酵成功就要接着反复发酵。

加工200斤左右的干茶，大概要用800多斤鲜叶。这个还是玉茶，做庄茶没有这么多。玉茶不扯梗子，做庄茶要拣掉5%～10%的梗子。

玉茶加工好以后就卖给厂家，多少都可以。一般年份我们家山上卖一次一两千斤，平坝一车一车的卖，有的卖上万斤。以前价格比较便宜，只有几角钱一斤，最高也就是两元钱一斤。

我当过生产队队长，那时候没有揉捻机，是人工用蹓板来揉茶；也没有杀青机，是用大锅烧柴火炒。合作社互助组时期都一样，玉茶要交给供销社再交给茶厂统一加工、销售。

边茶鲜叶原料卖给厂家，也可以自己先堆起来，只要不烧就行了。堆积了一定数量自己可以做，做成毛茶再卖给厂家。

我们的毛茶加工卖给厂家以后，厂家有专门的库房来堆茶叶，一库好几万斤，就在里面渥堆发酵。堆的时候不能淋雨和发热，也不能一直堆在水泥地上。

中国藏茶文化口述史

学做绿茶

后来政府号召我们要在山坡多种茶，其实坝子地区种的茶也很多。以前是茶叶供不应求，二十世纪八十年代供需基本平衡，现在茶叶越来越多，有些供大于求了。

1978年，公社派我们到江苏凤鸣学习茶树种植和茶叶加工技术，参加县里和公社的茶叶加工培训班。公社培训班把我的儿子也招进去学习了，学习加工制作手工茶、绿茶。

学习回来以后我们就开始生产绿茶，虽然一天只能采摘两斤绿茶芽头原料，边茶原料可以采100多斤，但是边茶原料的收入没有绿茶的好。

1991年以后，绿茶的收入就超过边茶了。芽茶可以买到三四元一斤，炒青茶原料一天可以采60斤到100斤。我们这边还是少的，名山那边还要多些。我们用嫩的原料做绿茶，老一点的原料做边茶。边茶1角2一斤，炒青茶买到1元一斤；烘青茶8角到5元一斤。

不管做边茶还是做绿茶，鲜叶质量很重要。要看鲜叶有没有蛀虫。卖给厂家要摸摸看手感好不好，颜色鲜不鲜，变质没有等。工艺上的区别也影响茶叶质量，杀青、发酵把握得好不好，闻起来的味道好不好等。

一家茶缘

我们家里加工散装绿茶，面向全国销售，不管少数民族还是汉族都可以喝。我们主要是一芽四叶和一芽三叶的茶叶做绿茶。有的原料用藏茶的渥堆发酵工艺，压成圆形的、方形的，推广面、销售面要广一点。

去年绿茶销售不怎么好，减产了，今年（2008年）还行。每年的家庭收入不一样，相差比较多，我们老两口去年收入有五千多元，主要是绿茶的收入，边茶收入一千多块钱。销售没有问题，一般还是供不应求的。

现在春天茶叶发芽的时候，两个儿子就自己加工做春茶。我两个儿子都在天全县那边承包土地种茶。他们规模都小，大儿子张全兴有80多亩茶园，有个小型的个体茶叶加工厂，五六个员工；二儿子张全旺有100多亩茶园，也有一个小型的个体茶叶加工厂和五六个员工。家里的茶叶就由我们老两口负责，忙的时候会请小工帮忙。

现在收茶的厂家很多，哪家价格好就卖给哪家，这个由自己作主。一般还是卖给本地的厂家，大家都放心，付钱也及时，即使有什么问题也可以互相协商。

我们一家人都跟茶有缘，这是祖上传下来的，又遇上了政府的好政策，我们要感谢党和政府。

（采访：拉马文才、李广青、程鹏、汪姣；编辑整理：陈书谦、李成才）

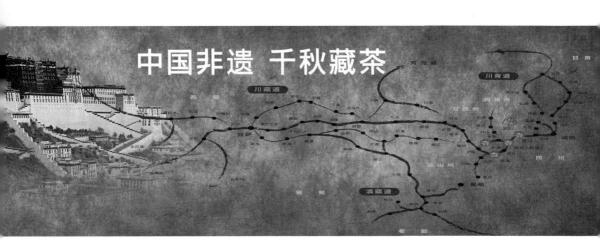

雅安藏茶文化
大事记
（1907—2019）

● **1907年**　《四川官报》第九册第一页刊登"专件"《四川商办藏茶公司筹办处章程》（简称《章程》）。《章程》说："本处系奉盐茶劝业道宪札饬详奉督宪批准，专为组织公司振兴茶务，保护利权而设。"办公地点在"雅州府城内，暂借雅安茶务公所为处所。""本处奉委筹办茶业公司，为保全全川藏茶权利，关系甚大。"雅安藏茶从此为国成名。

● **1951年**　西康省农林厅在蒙山永兴寺建立"西康省茶叶试验场"。第一代茶人陆续走上蒙山。至1955年底，有梁白希、陈少山、彭学成等30多位技术工人在此工作。

● **1953年**　农业部划定名山为内销茶和南路边茶产区。当年修正税制，细茶税率调整为25%。

● **1955年**　彭学成、何永祥、李伯祥、王栋良被评为四川省劳动模范，出席第三届农业模范大会，受到表彰。

10月1日，西康省部分区域并入四川省。10月，"西康省茶叶试验场"改名为"四川省雅安专区茶叶试验站"，移交雅安地区行署管理。

● **1956年**　1月，四川省雅安专区茶叶试验站抽调何专林、施嘉璠、彭学成等12人前往荥经县，帮助新建雅安地区第三茶场（即荥经塔子山茶场）。

4月，茶叶试验站尚有职工24人，其中干部5人，工人19人。

8月，施嘉璠任副站长（主持工作）。当年开展粗茶初制研究；杨敬才主持开展茶叶试验工作并取得成功。

● **1957年**　"四川省雅安专区茶叶试验站"改名为"四川省雅安茶叶生产场"。

中国藏茶文化口述史

● **1958年**　中共名山县委按照毛泽东主席"蒙山茶要发展，要和群众见面"的指示，组织817名民工到蒙山智炬寺、天盖寺四周垦荒，组建国营"名山县蒙山茶叶培植场"。

● **1959年**　四川省雅安茶叶生产场及县商业局土产经理部所属茶厂在雅安茶厂梁白希等人的指导协助下，恢复蒙顶甘露、蒙顶石花、蒙顶黄芽、万春银叶、玉叶长春传统名茶制作工艺；当年，蒙顶甘露在全国第一次名茶评选中被评为十大名茶。

● **1963年**　"四川省雅安茶叶生产场"与"名山县蒙山茶叶培植场"合并，组成"四川省国营蒙山茶场"，直属四川省农业厅领导，场部设于永兴寺。8月至11月，成都先后招收三批93名青年到国营蒙山茶场工作。

● **1966年**　9月，国营蒙山茶场由四川省农业厅下放给雅安专区管理。11月，又下放给名山县管理，更名为"名山县国营蒙山茶场"，场部迁至静居庵。

● **1967年**　国营蒙山茶场派技术骨干何光明、邓克明到西藏察隅等地开展技术指导、帮助西藏发展茶叶生产。

● **1968年**　国营蒙山茶场全场775亩茶园，仅产边茶57000斤，平均亩产73.5斤，产细茶6300斤，平均亩产8.1斤。

● **1970年**　国营蒙山茶场及车岭、前进、红岩等乡开始发展新式茶园。

● **1971年**　从国营蒙山茶场抽调技术骨干到名山县组建"地方国营名山茶厂"，当年建成投产。

● **1972年**　年底，国营蒙山茶场在雅安县招收121名知青，在天全县招收10名知青。

● **1974年** 7月，名山县双河乡党委书记聂明聪出席在湖南省桃源县召开的"全国茶叶先进（个人）表彰大会"。

8月，在名山县招收70名知青，扩大了企业规模。

● **1976年** 四川农学院始招收茶叶专科生。

● **1977年** 恢复高考，开始招收茶叶本科生。

● **1979年** 国营蒙山茶场李家光等人，在蒙山海拔1400米的柴山岗娄子岩发现4株野生茶树，鉴定树龄800年以上。

● **1980年** 8月，著名茶学专家陈椽教授带领高校茶学专家考察蒙顶山茶。其后在主编的《茶业通史》中，明确记载"蒙山植茶为我国最早的文字纪要"。

● **1983年** 国营名山茶厂派技术骨干岑化礼、郭光荣、曾显蓉（女）前往西藏波密县易贡农场，指导加工金尖茶、细茶，取得成功。

开放市场，茶叶从二类农产品调整为三类农产品。9月8日，"名山县蒙山农垦茶叶公司"（属国营蒙山茶场对外贸易机构）成立。

● **1984年** 国营蒙山茶场开始自产自销，先后在成都、雅安、名山开设销售门店，企业扭亏为盈。

● **1985年** 1月，名山县政协倡议开发蒙山旅游区，开展"我爱蒙山、修我蒙山"社会捐助活动，集资5万多元，修复唐代遗址皇茶园和天梯古道等名胜古迹。

9月，为庆祝西藏自治区成立20周年，国家民委安排国营雅安茶厂生产42万多份礼品茶作为中央代表团赠送给西藏人民的珍贵礼品。

12月9日，名山县政府批准蒙山永兴寺、千佛寺、禹王宫、天梯、延龄桥摩崖、"石笋"为县级文物保护单位。

● **1986年**　3月26日，名山县茶叶科学研究所成立，杨天炯任所长，严仕昭任副所长。

8月3日，全国人大常委会副委员长、第十世班禅额尔德尼·确吉坚赞大师视察雅安茶厂。

8月30日，省文化厅下发《关于建立名山县蒙山茶史博物馆的通知》（川文物〔1986〕第61号），博物馆于次年9月建成，国防部原部长张爱萍将军题写馆名。

● **1987年**　4月22日，蒙山旅游风景区初步具备条件后，名山县委、县政府举办了"仙茶故乡品茶会"，宣布蒙顶山风景名胜区正式开放。

4月13日，外贸地区茶叶公司、联江茶树良种场联办"名山县联江乡出口茶厂"。

7月20日，茶技站分出四人新成立"茶树良种苗木繁育站"，严仕昭任站长。

● **1989年**　11月25日，蒙山茶场、四川农大园艺系联合选育的蒙山9、蒙山11、蒙山16、蒙山23号通过四川省品种委员会审定为四川省（级）茶树优良品种。

● **1990年**　1月16日，中共四川省名山茶树良种繁育场党支部正式成立，严仕昭任党支部书记。7月3日，任命严仕昭为茶良场场长。

为适应市场经济需要，国营蒙山茶场注册成立了"名山县国营蒙山农垦茶叶公司"。

● **1991年**　雅安行署李忠国副专员任团长、彭天贵局长任副团长，带领地区外贸局、雅安茶厂、天全茶厂和荥经茶厂负责人共14人，赴西藏考察交流茶叶产销情况。西藏自治区党委书记陈奎元、副书记张学忠热情接待。

● **1992年**　1月17日，茶良场与茶技站合并，实行一套班子两块牌子，李廷松兼任场长。

● **1993年**　5月28日，"93'名山国际名茶节"开幕式隆重举行。

● **1998年**　5月29日，蒙山茶场入并华夏证券公司，更名为"华夏名山旅游茶叶有限公司"。

● **2000年**　5月，"2000四川蒙山名茶节"在名山县城举行，"茶与县域经济发展研讨会"在百丈湖松林山庄召开。

6月14日，国务院发出《关于同意四川省撤销雅安地区设立地级雅安市的批复》（国函〔2000〕66号），一是同意撤销雅安地区和县级雅安市，设立地级雅安市。市人民政府驻新设立的雨城区。二是雅安市设立雨城区，以原县级雅安市的行政区域为雨城区的行政区域。区人民政府驻沙湾路……当年底，雅安完成撤地建市工作。

● **2001年**　1月4日，藏胞次仁顿典投资800万元，在名山建设"西藏朗赛茶厂"。

4月30日，名山县旅游局向四川省版权局提交"龙行十八式著作权登记申请"。

5月1日起，我国第一个黄金周期间，"雅安名优特新商品展销会"在原雅安市体育场（又名广场坝）隆重举行。

5月10日，我国南方片区退耕还林试点工作现场经验交流会在四川雅安召开，国务院西部开发办、国家计委、国家林业局以及来自全国各地的代表，对四川省造林绿化和退耕还林作出高度评价，指出四川因地制宜，探索退耕还林路子，是有普遍意义和可资借鉴的。

5月13日，省版权局局长李正培签发"著作权证书"。

5月，名山县被农业部确定为第一批（100个）全国创建无公害农产品（种植业）生产示范区。

12月6日，国家质量监督检验检疫总局发布2011年第35号公告，即日起正式对蒙山茶实施原产地域产品保护。11日，质检总局、四川省政府在钓鱼台国宾馆联合举行《蒙山茶原产地域产品保护》新闻发布会。

● **2002年**   4月2日，名山县人民政府发布《关于实施2002年退耕还林工作的意见》（名府发〔2002〕第15号），要求全县当年退耕还林4万亩茶园。

6月24—29日，省委组织部、省林业厅、雅安市委、市政府联合主办"长江上游生态屏障建设专题研讨会暨绿色雅安行动发展方略论坛"，邹广严副省长到会讲话，雅安市委书记致辞，会议发表了《绿色宣言》，从理论上为退耕还林还草还茶做了铺垫。

9月10—12日，第七届国际茶文化研讨会在马来西亚首都吉隆坡隆重举行，雅安市人民政府申办第八届国际茶文化研讨会，与会代表高度认同，顺利通过，雅安成为承办2004第八届国际茶文化研讨会主办城市。

● **2003年**   企业改制，国营蒙山茶场解体，全部职工被统一安置。

3月30日，"皇茶祭天祀祖采制大典暨皇茶入陕祭祖"活动隆重举行，县长杜义领读《皇茶祭天祀祖大典祭文》，组织护送蒙顶茶到陕西黄陵县祭祀黄帝陵。

6月9日，雅安市农业科技专家大院名山茶叶分院成立授牌仪式在名山县茗山茶业公司举行。

11月26日，名府发〔2003〕70号文件明确将"蒙山""蒙顶山"统称为"蒙顶山"。

● 2004年　1月13日，雅安市茶叶行业"一会一节"动员大会暨雅安市茶业协会成立仪式在雅州宾馆举行。

4月3日，成都万人品蒙山春茶迎国际茶文化"一会一节"新闻发布会在成都武侯祠、百花潭公园举行。

4月24日，名山县政协主席王维带领县"一会一节"筹委办、蒙山茶史博物馆及部分茶企赴陕西法门寺博物馆参加第三届法门寺茶文化国际学术研讨会，赠送茶祖吴理真汉白玉雕塑，将蒙顶贡茶送到法门寺供奉佛祖释迦牟尼。

5月1日，名山县西藏朗赛茶厂董事长次仁顿典被全国总工会、工商联评为全国优秀民营企业家，在人民大会堂接受表彰。

5月25日，全国政协副主席白立忱调研雅安茶产业。国家商标局公告"蒙顶山茶证明商标"核准注册。

9月19日上午，"第八届国际茶文化研讨会暨首届蒙顶山国际旅游节"开幕式在四川农业大学体育馆拉开帷幕，来自世界28个国家和地区，以及全国33个省市自治区的数千名代表参加。一系列展会、活动全面启动。下午，"一会一节"重要活动"植茶始祖吴理真祭拜大典"在吴理真广场进行。25日晚，"一会一节"闭幕式在名山县吴理真广场举行。

9月20号，"第八届国际茶文化研讨会"在四川农业大学逸夫楼礼堂隆重举行，"一会一节"筹委会主任宣读"世界茶文化蒙顶山宣言"，全体代表一致鼓掌通过。

● **2005年**

1月24日，名山县茶叶科技专家大院被科技部批准为国家科技示范大院，命名为首批国家"星火计划"农村服务体系建设示范单位。

3月27日，"祭拜植茶始祖吴理真暨蒙顶山皇茶采制大典"在蒙顶山举行。

6月16日，十一世班禅额尔德尼·确吉杰布大师到雅安市友谊茶叶公司参观考察。雅安市委书记侯雄飞、市长傅志康等领导陪同。

8月21日，全国人大常委会原副委员长王汉斌、彭珮云一行到蒙顶山考察。

8月28—31日，第三届四川旅游发展大会在雅安市隆重召开。第二届蒙顶山国际茶文化旅游节暨蒙顶山世界茶文化博物馆开馆仪式同期举行。四川省委书记、省人大常委会主任张学忠，省长张中伟，省政协主席秦玉琴等领导参加。

8月31日，市茶业协会、市社科联、名山县政府联合主办的"首届川藏茶马古道论坛"在茗都花园酒店举行，会后出版茶界特刊《首届川藏茶马古道论坛论文集》。其间，雅安市茶业协会组织开展的"雅安十大名茶"公布。通过省市茶叶专家现场评审、现场公证，从30多个茶样中评选蒙顶黄芽、蒙顶石花、蒙顶甘露、蒙山毛峰、蒙山飘雪、玉芽、翠竹、藏茶、康砖茶、金尖茶为雅安十大名茶。

● **2006年**

5月26日，"第九届国际茶文化研讨会暨第三届崂山国际茶节"在青岛市崂山区开幕。雅安市茶业协会作为协办单位组团参加，千里护送茶祖吴理真汉白玉雕像，两地政府主要领导在开幕式上共同为雕像揭幕、进行川藏茶马古道背夫形象展示、龙行十八式茶技表演。

12月，"南路边茶制作技艺"进入第一批雅安市非物质文化遗产名录。

● **2007年**　3月1日，"南路边茶制作技艺"被列入第一批四川省非物质文化遗产名录（川府函〔2007〕42号）。

3月27—29日，雅安市承办的"中国国际茶文化研究会学术委员会一届二次会议"在天府温泉举行。

3月28日，中国国际茶文化研究会和雅安市茶业协会联合主办"南路边茶（藏茶）传承与发展高峰论坛"在雅安市图书馆六楼大厅隆重举行。

7月6日，雅安藏茶协会第一次会员大会在市供销社会议室召开。大会讨论通过了《雅安藏茶协会章程》，选举产生了协会会长、副会长、秘书长、副秘书长等，并就藏茶协会工作进行了安排。

8月17—20日，中央民族大学经济学院张丽君书记、罗莉教授带领国家民委少数民族特需用品边销茶传统制作技艺保护项目组来到雅安，到朗赛茶厂、茶马司、永兴寺及蒙山等地调研。康砖茶、金尖茶被列入保护范围。

9月27日至10月2日，"2007'北京马连道国际茶文化节"在中国特色商业街——北京马连道隆重举行，雅安市应邀组团参加，统一打造"蒙顶山茶""雅安藏茶"区域品牌。

11月12—13日，北京老舍茶馆、雅安市茶业协会、名山县人民政府联合主办的"迎奥运、五环茶战略联盟高层研讨会"在名山召开，蒙顶黄芽、雅安藏茶双双入选"迎奥运·五环茶"代表茶品。

● **2008年**　2月2日，雅安市茶业协会在市区中大街温州商城举办藏茶贺岁活动，组织雅安茶厂、吉祥茶业、兄弟友谊、西藏朗赛、蔡龙茶厂等茶企免费请市民喝藏茶，开启藏茶进家庭、进商店、进茶楼，谱写藏茶发展新篇章。

● **2008年**　3月27日，第四届蒙顶山国际茶文化旅游节开幕，中国国际茶文化研究会全国茶馆专业委员会2008年春季年会同期举行。系列活动"首届蒙顶山春茶交易会"在城区三雅园举行。

5月12日，遭遇汶川特大地震，雅安成为重灾区之一。抗灾自救成为压倒一切的首要任务，协会分工调查灾情、看望慰问受灾群众、赈灾义卖。

6月7日，第二批国家级非物质文化遗产名录（国发〔2008〕19号）发布，序号935，编号Ⅷ-152为"黑茶制作技艺"，包括四川省雅安市申报的"南路边茶制作技艺"和湖南省益阳市、安化县申报的"茯砖茶制作技艺""千两茶制作技艺"等。

9月1日，市质监局召开"雅安藏茶联盟标准评审会"。共同使用同一版本，企业分别编号、备案、发布和试行实施。

9月18日，由中国茶叶流通协会、雅安市人民政府共同主办，雅安市供销社、雅安藏茶协会承办的"2008全国边销茶专业委员会工作会议"在红珠宾馆召开，"中国藏茶之乡"揭牌。

10月12—15日，第五届中国国际茶业博览会在北京国际贸易中心展览厅隆重开幕，协会牵头主办"川茶情深、感恩中国"系列活动。"中国抗震救灾，雅安茶香情浓""5·12"汶川地震主题摄影展同时开幕。还包括世界茶乡论坛雅安藏茶、普洱茶、福鼎白茶"黑白论道"，探讨"品牌营销"。

● **2011年**　10月，文化部公布"第一批国家级非物质文化遗产生产性保护示范基地"，四川省雅安市友谊茶叶有限公司"南路边茶制作技艺"和云南省普洱市宁洱县困鹿山贡技茶场"贡茶制作技艺"两个茶叶项目入选。

● **2012年**　4月17日，四川省文化厅组织四川省社会科学院、四川大学、西南民族大学、四川农业大学及省"非遗"中心专家组成评委会，在成都对《南路边茶（藏茶）国家级非物质文化遗产生产性保护总体规划》（简称《规划》）进行评审，一致认为《规划》层次分明，条理清楚，逻辑性强，内涵丰富，对藏茶产业具有纲领性指导意义。一致通过评审并建议报政府发布实施。

12月4日，中国茶叶学会第六届全国茶学青年科学家论坛在雅安圆满举办。

● **2014年**　3月26日，雅安日报传媒集团等单位主办的"感恩奋进·敬爱以茶"活动在名山县茶祖广场隆重举行。

3月27日，第十届蒙顶山国际茶文化旅游节在名山茶祖广场开幕。

3月27日（凌晨3时40分），著名茶文化专家李家光先生不幸逝世。

● **2015年**　3月13日，"茶史专家朱自振八十寿辰暨巴蜀茶文化研讨会"在蒙顶山茶源堂举办。

● **2016年**　7月18日，雨城区召开"4·20"芦山地震灾后恢复重建三周年新闻发布会，藏茶文化展示馆试开放。

● **2016年**　9月10—15日，四川省茶叶流通协会、四川省茶馆协会、雅安市茶叶办公室等单位联合举办的"中国黑茶（藏茶）发展高峰论坛"在大华茶城举办。陈宗懋院士、江用文理事长、刘仲华教授等知名专家学者发表演讲。

● **2017年**　6月24日，四川省藏茶产业工程技术研究中心授牌，中国藏茶文化研究中心成立暨首届中国藏茶文化发展论坛在藏茶村隆重举行。

● **2018年**　4月，中国茶叶区域公用品牌价值评估结果发布，蒙顶山茶评估价值30.72亿元，在全国105个公用品牌中列第8位，同时被评为"最具品牌经营力三大品牌"；雅安藏茶评估价值18.45亿元，列第36位，同时被评为"最具品牌发展力三大品牌"。

8月18日，蒙山知青在蒙顶山风景区旁"彭家大院"举办纪念知青到蒙山联谊会。同时宣布因年龄原因，自2007年开始一年一度的蒙山知青员工聚会不再举办，知青情结今后通过微信、网络传递。

● **2019年**　8月29日，雅安市人民政府办公室印发《雅安藏茶志》编纂工作方案，计划5年完成编纂任务，出版发行。

11月10日，首届中国·雅安藏茶文化旅游节新闻发布会在成都太古里举行。

11月28日，中国·雅安藏茶文化旅游节开幕式在大兴镇"中国藏茶城"茶祖广场隆重举行。中央统战部斯塔同志、四川省政协祝春秀副主席、国务院侨办原副主任赵阳等领导和来自北京、上海、云南、西藏等地的500多位嘉宾汇聚在一起，共谋藏茶产业发展战略，其间展开成立中国藏茶联盟、承办"中国藏茶·健康中国"高峰论坛等相关活动的筹备承办工作。

● **2020年**　12月，雅安市"非遗"保护中心组织国家级"非遗""南路边茶制作技艺"参加联合申报"中国传统制茶技艺和相关习俗"列入人类非物质文化遗产代表性名录工作，正在申报国家级非遗的"蒙山茶制作技艺"也同步参加。

● **2022年**　11月29日，我国申报的"中国传统制茶技艺及其相关习俗"在摩洛哥拉巴特召开的联合国教科文组织保护非物质文化遗产政府间委员会第17届常会上通过评审，列入联合国教科文组织人类非物质文化遗产代表作名录。该名录涉及我国15个省（区、市）的37项制茶技艺和7项茶俗，其中雅安市"南路边茶制作技艺""蒙山茶制作技艺"榜上有名，全省独有，一市两项，难能可贵。

12月12日，中国非物质文化遗产保护中心发布重要信息：中共中央总书记、国家主席、中央军委主席习近平近日对非物质文化遗产保护工作作出重要指示强调，"中国传统制茶技艺及其相关习俗"列入联合国教科文组织人类非物质文化遗产代表作名录，对于弘扬中国茶文化很有意义。要扎实做好非物质文化遗产的系统性保护，更好满足人民日益增长的精神文化需求，推进文化自信自强。要推动中华优秀传统文化创造性转化、创新性发展，不断增强中华民族凝聚力和中华文化影响力，深化文明交流互鉴，讲好中华优秀传统文化故事，推动中华文化更好走向世界。

后记

　　本书邀请西南民族大学和四川农业大学的专家、教授、学生以及雅安相关单位的茶文化工作者20余人，采访100余人次，形成初稿60余篇，吸收部分10多年前的采访资料，经历旷日持久的新冠疫情考验，编辑出版工作终于告一段落了。

　　本书编委会特邀中国国际茶文化研究会原副会长、西南茶文化研究中心主任孙前，中国藏学研究中心原副总干事长格勒博士，中国茶叶流通协会监事长、四川茶叶流通协会会长王云，四川农业大学杜晓教授担任顾问，陈书谦任主编，窦存芳、郭磊任副主编，与几位编委共同负责本书的编写出版工作。

　　《中国藏茶文化口述史》主要以雅安藏茶以及茶马古道相关内容为主，共收录口述资料26篇，分为四章。第一章国企岁月与民企发展，收录了7篇藏茶企业相关负责人的口述资料；第二章国家级"非遗"保护与传承，收录了9篇代表性传承人和项目申报人的口述资料；第三章藏茶文化研究与传播，收录了5篇有关藏茶与茶马古道研究的口述资料；第四章见证川藏茶马古道，收录了5篇长期生活在古道村镇的老茶人、老背夫、老茶农的口述资料。

　　附录雅安藏茶文化大事记，是在蒙顶山茶文化大事记基础上保留和增加部分与藏茶相关的内容。

　　本书是《蒙顶山茶文化口述史》的姊妹集，由于时间、年龄、身体状况、联络方式等原因，还有很多曾经为雅安藏茶产业发展做出重大贡献、奋斗一生或者大半生的老茶人没有进行采访录音，一些已经收录的口述资料，限于笔者认识水平，未能全面、准确领会和反映口述人的意图，如果与口述人表达的意思存在差距或者误解的，在此一并表示歉意。

还有几位藏茶行业老茶人，接受口述采访以后还没有看到本书出版，就因岁月无情而不幸离世，我们深感痛心和哀悼。深知责任重大，唯有加倍努力地工作，才能告慰和缅怀先辈们的在天之灵。

衷心感谢接受采访的各位前辈、专家学者、企业家以及全体茶人朋友，特别是曾经在国营茶企工作、改制、退休的同志们，给予我们采访工作无私的支持和热情的帮助；很多老领导、老茶人不厌其烦地解答笔者的反复咨询，有的还亲自修改和补充完善口述资料，他们认真负责的态度、鞠躬尽瘁的精神，永远值得我们学习和传承。

衷心感谢中国藏学研究中心原副总干事长格勒博士为本书作序并给予支持鼓励；更要感谢中国社会科学院资深藏文化专家降边嘉措先生多次接受我们的采访，高度评价雅安藏茶在民族团结、中国革命中的巨大作用和积极贡献。

同时衷心感谢四川省社会科学界联合会、雅安市社会科学界联合会、中国藏茶文化研究中心各位领导、专家对本课题的关心、支持和帮助，衷心感谢全体口述人和参与采访各位老师、同学为此付出的辛勤劳动和努力。

本书引用文字、照片如有不妥，恳请原作者与我们联系，并致深深的谢意。

编者

2022 年 10 月